HUAWEI

5G 移 动 通 信 技 术 系 列 教 程

5G
网络云化技术及应用

微课版

张源 尹星 ◎ 主编

金宁 王璐烽 孟灵举 ◎ 副主编

U0300331

人民邮电出版社

北 京

图书在版编目（CIP）数据

5G网络云化技术及应用：微课版 / 张源，尹星主编
. -- 北京 ：人民邮电出版社，2020.9（2023.9重印）
5G移动通信技术系列教程
ISBN 978-7-115-54131-4

Ⅰ. ①5… Ⅱ. ①张… ②尹… Ⅲ. ①无线电通信－移
动通信－通信技术－教材 Ⅳ. ①TN929.5

中国版本图书馆CIP数据核字(2020)第091572号

内 容 提 要

本书较为全面地介绍了 5G 网络中云化相关技术及其应用。全书共 7 章，分别为绪论、云计算基础、网络功能虚拟化、电信云关键技术、容器技术与微服务架构、边缘计算和电信云安全技术。本书穿插了很多在线教学视频，读者可以扫描书中的二维码进行观看，巩固所学的内容。

本书可以作为高校通信类和计算机类专业的教材，也可以作为华为 HCIA-Cloud Computing（云计算工程师）认证培训教材，还适合运营商网络维护人员、移动通信设备技术支持人员和广大移动通信爱好者自学使用。

◆ 主　　编　张　源　尹　星
　　副 主 编　金　宁　王璐烽　孟灵举
　　责任编辑　郭　雯
　　责任印制　王　郁　马振武

◆ 人民邮电出版社出版发行　北京市丰台区成寿寺路 11 号
　　邮编 100164　电子邮件 315@ptpress.com.cn
　　网址 https://www.ptpress.com.cn
　　固安县铭成印刷有限公司印刷

◆ 开本：787×1092　1/16
　　印张：10.75　　　　　　　　　2020 年 9 月第 1 版
　　字数：296 千字　　　　　　2023 年 9 月河北第 2 次印刷

定价：42.00 元

读者服务热线：(010)81055256　印装质量热线：(010)81055316
反盗版热线：(010)81055315
广告经营许可证：京东市监广登字 20170147 号

5G移动通信技术系列教程编委会

序　　　　　　　　　　　　　　FOREWORD

2019 年是全球 5G 商用元年，5G 在信息传送能力、信息连接能力和信息传送时延性能方面与 4G 相比有了量级的提升。"新基建"等政策更加有力地推动了 5G 与行业的融合，5G 将渗透到经济社会生活的各个领域中，并推动和加速各行各业向数字化、网络化和智能化的转型。

新兴技术的快速发展往往伴随着新兴应用领域的出现，更高的技术门槛对人才的专业技术能力和综合能力均提出了更高的要求。为此，需要进一步加强校企合作、产教融合和工学结合，紧密围绕产业需求，完善应用型人才培养体系，强化实践教学，推动教学、教法的创新，驱动应用型人才能力培养的升维。

《5G 移动通信技术系列教程》是由高校教学一线的教育工作者与华为技术有限公司、浙江华为通信技术有限公司的技术专家联合成立的编委会共同编写的，将华为技术有限公司的 5G 产品、技术按照工程逻辑进行模块化设计，建立从理论到工程实践的知识桥梁，目标是培养既具备扎实的 5G 理论基础，又能从事工程实践的优秀应用型人才。

《5G 移动通信技术系列教程》包括《5G 无线技术及部署》《5G 承载网技术及部署》《5G 无线网络规划与优化》和《5G 网络云化技术及应用》4 本教材。这套教材有效地融合了华为职业技能认证课程体系，将理论教学与工程实践融为一体，同时，配套了华为技术专家讲授的在线视频，嵌入华为工程现场实际案例，能够帮助读者学习前沿知识，掌握相关岗位所需技能，对于相关专业高校学生的学习和工程技术人员的在职教育来说，都是难得的教材。

我很高兴看到这套教材的出版，希望读者在学习后，能够有效掌握 5G 技术的知识体系，掌握相关的实用工程技能，成为 5G 技术领域的优秀人才。

中国工程院院士

邬贺铨

2020 年 4 月 6 日

从最早的模拟网络到后来的 2G、3G、4G 网络，几乎每一次移动网络技术的大幅升级，都会带来一次全新的产业发展机会，不但会使企业自身获益良多，还能带动产业链上、下游企业共同发展。5G 网络也不例外，5G 网络应用的新技术更多、更复杂，对通信行业从业者的从业素养要求更高，需要掌握的知识、技能也更多，如云计算、网络功能虚拟化、软件定义网络、边缘计算、微服务、容器技术等。

移动通信运营商目前需要大量的 5G 网络建设和维护人员，编者基于多年的现网工作经验，从培养现网工程师的角度出发，以理论知识与实际应用相结合的方式进行本书的编写。

本书以云化技术在 5G 网络中的应用为主线，介绍了 5G 网络建设和维护所需要掌握的理论知识和实际操作技能。第 1 章绪论主要介绍移动通信网络架构、演进和特点。第 2 章云计算基础主要介绍云计算的发展历程、特征、服务模式、部署模式，以及 Cloud Native 的概念和应用。第 3 章网络功能虚拟化主要介绍 NFV 的背景、基本概念和网络架构，以及华为 NFV 解决方案和工程实例。第 4 章电信云关键技术主要介绍云操作系统 OpenStack、计算虚拟化、存储虚拟化和网络虚拟化。第 5 章容器技术与微服务架构主要介绍容器原理，容器管理器 Docker、Kubernetes，以及微服务的概念和特征。第 6 章边缘计算主要介绍边缘计算的发展历程、架构及在 5G 网络中的应用。第 7 章电信云安全技术主要介绍电信云安全威胁、电信云安全技术及 5G 网络云化安全的新特性和新挑战。

党的二十大报告提出"加快实施创新驱动发展战略。坚持面向世界科技前沿、面向经济主战场、面向国家重大需求、面向人民生命健康，加快实现高水平科技自立自强。以国家战略需求为导向，集聚力量进行原创性引领性科技攻关，坚决打赢关键核心技术攻坚战。加快实施一批具有战略性全局性前瞻性的国家重大科技项目，增强自主创新能力"。华为自主研发的 5G 技术，无论是在核心技术领域，还是在整体市场营收能力，都处于全球领先地位。目前，我国的 5G 网络建设让我国人民率先用上了更加畅通的 5G 网络，也助力我国建设出了目前全球最大的 5G 网络。

本书的参考学时为 32 ~ 48 学时，建议采用理论实践一体化的教学模式，各章的学时可参考下面的学时分配表。

学时分配表

章 序	课 程 内 容	学 时
第 1 章	绪论	2~4
第 2 章	云计算基础	4~6
第 3 章	网络功能虚拟化	6~8
第 4 章	电信云关键技术	6~8
第 5 章	容器技术与微服务架构	4~6
第 6 章	边缘计算	4~6
第 7 章	电信云安全技术	4~8
	课程考评	2
学时总计		32~48

　　本书由张源、尹星任主编，金宁、王璐烽、孟灵举任副主编，杨健、刘毅、卢方明参与编写。张源、金宁、杨健编写了第 1 章和第 6 章，张源、尹星、金宁、孟灵举编写了第 2 章和第 3 章，尹星、金宁、刘毅编写了第 4 章和第 7 章，张源、金宁、卢方明编写了第 5 章，张源、孟灵举编写了参考文献。

　　由于编者水平和经验有限，加之时间仓促，书中难免存在疏漏和不足之处，恳请读者批评指正。

编　者

2023 年 1 月

目录 / CONTENTS

Chapter

1

第 1 章
绪论

　　人类对通信需求的不断提升和通信技术的突破创新，推动着移动通信系统的快速演进。5G 不再只是从 2G 到 3G 再到 4G 的网络传输速率的提升，而是将"人-人"之间的通信扩展到"人-网-物"3 个维度的万物互联，打造全移动和全连接的数字化社会。

　　本章主要讲解 5G 网络的整体架构，以及移动通信系统从第一代向第五代演进的过程。

课堂学习目标

- 掌握移动通信网络架构

- 了解移动通信网络演进过程

1.1 移动通信网络架构

第五代（5th Generation，5G）移动通信系统网络架构分为无线接入网、承载网、核心网 3 部分，如图 1-1 所示。这 3 部分的具体介绍如下。

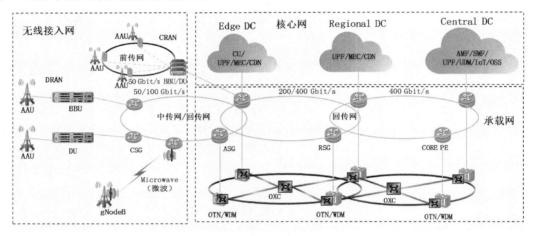

图 1-1 移动通信网络架构

1. 无线接入网

此部分只包含一种网元——5G 基站，也称为 gNodeB。它主要通过光纤等有线介质与承载网设备对接，特殊场景下也采用微波等无线方式与承载网设备对接。

目前，5G 无线接入网组网方式主要有集中式无线接入网（Centralized Radio Access Network，CRAN）和分布式无线接入网（Distributed Radio Access Network，DRAN）两种，国内运营商目前的策略是以 DRAN 为主，CRAN 按需部署。CRAN 场景下的基带单元（Baseband Unit，BBU）集中部署后与有源天线单元（Active Antenna Unit，AAU）之间采用光纤连接，距离较远，因而对光纤的需求量很大，部分场景下需要引入波分前传。在 DRAN 场景下，BBU 和 AAU 采用光纤直连方案。

未来无线侧也会向云化方向演进，BBU 可能会分解成集中单元（Centralized Unit，CU）和分布单元（Distributed Unit，DU）两部分，CU 云化后会部署在边缘数据中心，负责处理传统基带单元的高层协议，DU 可以集中式部署在边缘数据中心或者分布式部署在靠近 AAU 侧，负责处理传统基带单元的底层协议。

2. 承载网

承载网由光缆互连的承载网设备，通过 IP 路由协议、故障检测技术、保护倒换技术等实现相应的逻辑功能。承载网的主要功能是连接基站与基站、基站与核心网，提供数据的转发功能，并保证数据转发的时延、速率、误码率、业务安全等指标满足相关的要求。5G 承载网的结构可以从物理层次和逻辑层次两个维度进行划分。

从物理层次划分时，承载网被分为前传网（CRAN 场景下 AAU 到 DU/BBU 之间）、中传网（DU 到 CU 之间）、回传网（CU/BBU 到核心网之间），其中，中传网是 BBU 云化演进，CU 和 DU 分离部署之后才有的。如果 CU 和 DU 没有分离部署，则承载网的端到端仅有前传网和回传网。回传网还会借助波分设备实现大带宽、长距离传输，如图 1-1 所示，下层两个环是波分环，上层 3 个环是 IP 无线接入网（IP Radio Access Network，IPRAN）或分组传送网（Packet Transport Network，PTN）环。波分环具备大颗粒、长距离传输的能力，IPRAN/PTN 环具备灵活转发的能力，上下两种环配合使用，实现承载网的大颗粒、长距离、灵活转发能力。一般来说，前传网和中传网是 50 Gbit/s 或 100 Gbit/s 组成的环形网络，回传网是 200 Gbit/s 或 400 Gbit/s 组成的环形网络。

从逻辑层次划分时，承载网被分为管理平面、控制平面和转发平面 3 个逻辑平面。其中，管理平面完成承载网控制器对承载网设备的基本管理，控制平面完成承载网转发路径（即业务隧道）的规划和控制，转发平面完成基站之间、基站与核心网之间用户报文的转发功能。

图 1-1 涉及了一些新名词，注释如下。

（1）基站侧网关（Cell Site Gateway，CSG）：移动承载网络中的一种角色名称，该角色位于接入层，负责基站的接入。

（2）汇聚侧网关（Aggregation Site Gateway，ASG）：移动承载网络中的一种角色名称，该角色位于汇聚层，负责对移动承载网络接入层海量 CSG 业务流进行汇聚。

（3）无线业务侧网关（Radio Service Gateway，RSG）：承载网络中的一种角色名称，该角色位于汇聚层，负责连接无线控制器。

（4）运营商边界路由器（CORE Provider Edge Router，CORE PER）：运营商边缘路由器，由服务提供商提供的边缘设备。

（5）光传送网（Optical Transport Network，OTN）：通过光信号传输信息的网络。

（6）波分复用（Wavelength Division Multiplexing，WDM）：一种数据传输技术，不同的光信号由不同的颜色（波长频率）承载，并复用在一根光纤上传输。

（7）光交叉连接（Optical Cross-Connect，OXC）：一种用于对高速光信号进行交换的技术，通常使用于光网络（Mesh，网状互连的网络）中。

3. 核心网

核心网可以由传统的定制化硬件或者云化标准的通用硬件来实现相应的逻辑功能。核心网主要用于提供数据转发、运营商计费，以及针对不同业务场景的策略控制（如速率控制、计费控制等）功能等。

核心网中有 3 类数据中心（Data Center，DC）：中心 DC 部署在大区中心或者各省省会城市中，区域 DC 部署在地市机房中，边缘 DC 部署在承载网接入机房中。核心网设备一般放置在中心 DC 机房中。为了满足低时延业务的需要，会在地市和区县建立数据中心机房，核心网设备会逐步下移至这些机房中，缩短了基站至核心网的距离，从而降低了业务的转发时延。

5G 核心网用于控制和承载分离。核心网控制面网元和一些运营支撑服务器等部署在中心 DC 中，如接入和移动性管理功能（Access and Mobility Management Function，AMF）、会话管理功能（Session Management Function，SMF）、用户面功能（User Plane Function，UPF）、统一数据管理（Unified Data Management，UDM）功能、其他服务器（如物联网（Internet of Things，IoT）应用服务器、运营支撑系统（Operations Support System，OSS）服务器）等。根据业务需求，核心网用户面网元可以部署在区域 DC 和边缘 DC 中。例如，区域 DC 可以部署核心网的用户面功能、多接入边缘计算（Multi-access Edge Computing，MEC）、内容分发网络（Content Delivery Network，CDN）等；边缘 DC 也可以部署 UPF、MEC、CDN，还可以部署无线侧云化集中单元等。

1.2　移动通信网络的演进

随着移动用户数量的不断增加，以及人们对移动通信业务需求的不断提升，移动通信系统已经经历了五代的变革，本节主要对移动通信网络演进过程进行介绍。

1.2.1 第一代移动通信系统

第一代（1st Generation，1G）移动通信技术诞生于 20 世纪 40 年代。其最初是美国底特律警察使用的车载无线电系统，主要采用了大区制模拟技术。1978 年底，美国贝尔实验室成功研制了先进移动电话系统（Advanced Mobile Phone System，AMPS），建成了蜂窝状移动通信网，这是第一种真正意义上的具有即时通信能力的大容量蜂窝状移动通信系统。1983 年，AMPS 首次在芝加哥投入商用并迅速推广。到 1985年，AMPS 已扩展到了美国的 47 个地区。

与此同时，其他国家也相继开发出各自的蜂窝状移动通信网。英国在 1985 年开发了全接入通信系统（Total Access Communications System，TACS），频段为 900MHz。加拿大推出了 450MHz 移动电话系统（Mobile Telephone System，MTS）。瑞典等北欧国家于 1980 年开发了北欧移动电话（Nordic Mobile Telephone，NMT）移动通信网，频段为 450MHz。中国的 1G 系统于 1987 年 11 月 18 日在广东第六届全运会上开通并正式商用，采用的是 TACS 制式。从 1987 年 11 月中国电信开始运营模拟移动电话业务开始到 2001 年 12 月底中国移动关闭模拟移动通信网，1G 系统在中国的应用长达 14 年，用户数最高时达到了 660 万。如今，1G 时代那像砖头一样的手持终端——"大哥大"已经成为很多人的回忆。

由于 1G 系统是基于模拟通信技术传输的，因此存在频谱利用率低、系统安全保密性差、数据承载业务难以开展、设备成本高、体积大、费用高等局限，其最关键的问题在于系统容量低，已不能满足日益增长的移动用户的需求。为了解决这些缺陷，第二代移动通信系统应运而生。

1.2.2 第二代移动通信系统

20 世纪 80 年代中期，欧洲首先推出了全球移动通信系统（Global System for Mobile communications，GSM）数字通信网系统。随后，美国、日本也制定了各自的数字通信体系。数字通信系统具有频谱效率高、容量大、业务种类多、保密性好、语音质量好、网络管理能力强等优点，因此得到了迅猛发展。

第二代（2nd Generation，2G）移动通信系统包括 GSM、IS-95 码分多址（Code Division Multiple Access，CDMA）、先进数字移动电话系统（Digital Advanced Mobile Phone System，DAMPS）、个人数字蜂窝系统（Personal Digital Cellular System，PDCS）。特别是其中的 GSM，因其体制开放、技术成熟、应用广泛，已成为陆地公用移动通信的主要系统。

使用 900MHz 频带的 GSM 称为 GSM900，使用 1800MHz 频带的称为 DCS1800，它是依据全球数字蜂窝通信的时分多址（Time Division Multiple Access，TDMA）标准而设计的。GSM 支持低速数据业务，可与综合业务数字网（Integrated Services Digital Network，ISDN）互连。GSM 采用了频分双工（Frequency Division Duplex，FDD）方式、TDMA 方式，每载频支持 8 信道，载频带宽为 200kHz。随着通用分组无线系统（General Packet Radio System，GPRS）、增强型数据速率 GSM 演进技术（Enhanced Data Rate for GSM Evolution，EDGE）的引入，GSM 网络功能得到不断增强，初步具备了支持多媒体业务的能力，可以实现图片发送、电子邮件收发等功能。

IS-95 CDMA 是北美地区的数字蜂窝标准，使用 800MHz 频带或 1.9GHz 频带。IS-95 CDMA 采用了码分多址方式。CDMA One 是 IS-95 CDMA 的品牌名称。CDMA2000 无线通信标准也是以 IS-95 CDMA 为基础演变的。IS-95 又分为 IS-95A 和 IS-95B 两个阶段。

DAMPS 也称 IS-54/IS-136（北美地区的数字蜂窝标准），使用 800MHz 频带，是两种北美地区的数字蜂窝标准中推出较早的一种，使用了 TDMA 方式。

PDC 是由日本提出的标准，即后来中国的个人手持电话系统（Personal Handyphone System，PHS），俗称"小灵通"。因技术落后和后续移动通信发展需要，"小灵通"网络已经关闭。

我国的 2G 系统主要采用了 GSM 体制，如中国移动和中国联通均部署了 GSM 网络。2001 年，中国联通开始在中国部署 IS-95 CDMA 网络（简称 C 网）。2008 年 5 月，中国电信收购了中国联通的 C 网，并将 C 网规划为中国电信未来主要发展方向。

2G 系统的主要业务是语音服务，其主要特性是提供数字化的语音业务及低速数据业务。它克服了模拟移动通信系统的弱点，语音质量、保密性能得到较大的提高，并可进行省内、省际自动漫游。由于 2G 系统采用了不同的制式，移动通信标准不统一，用户只能在同一制式覆盖的范围内进行漫游，因而无法进行全球漫游。此外，2G 系统带宽有限，因而限制了数据业务的应用，无法实现高速率的数据业务，如移动多媒体业务。

尽管 2G 系统技术在发展中不断得到完善，但是随着人们对于移动数据业务需求的不断提高，希望能够在移动的情况下得到类似于固定宽带上网时所得到的速率，因此，需要有新一代的移动通信技术来提供高速的空中承载，以提供丰富多彩的高速数据业务，如电影点播、文件下载、视频电话、在线游戏等。

1.2.3　第三代移动通信系统

第三代（3rd Generation，3G）移动通信系统又被国际电信联盟（International Telecommunication Union，ITU）称为 IMT-2000，指在 2000 年左右开始商用并工作在 2000MHz 频段上的国际移动通信系统。IMT-2000 的标准化工作开始于 1985 年。3G 标准规范具体由第三代移动通信合作伙伴项目（3rd Generation Partnership Project，3GPP）和第三代移动通信合作伙伴项目二（3rd Generation Partnership Project 2，3GPP2）分别负责。

3G 系统最初有 3 种主流标准，即欧洲和日本提出的宽带码分多址（Wideband Code Division Multiple Access，WCDMA），美国提出的码分多址接入 2000（Code Division Multiple Access 2000，CDMA2000），以及中国提出的时分同步码分多址接入（Time Division-Synchronous Code Division Multiple Access，TD-SCDMA）。其中，3GPP 从 R99 开始进行 3G WCDMA/TD-SCDMA 标准制定，后续版本进行了特性增强和增补，3GPP2 提出了从 CDMA IS95（2G）—CDMA 20001x—CDMA 20003x（3G）的演进策略。

3G 系统采用了 CDMA 技术和分组交换技术，而不是 2G 系统通常采用的 TDMA 技术和电路交换技术。在业务和性能方面，3G 系统不仅能传输语音，还能传输数据，提供了高质量的多媒体业务，如可变速率数据、移动视频和高清晰图像等，实现了多种信息一体化，从而能够提供快捷、方便的无线应用。

尽管 3G 系统具有低成本、优质服务质量、高保密性及良好的安全性能等优点，但是仍有不足：第一，3G 标准共有 WCDMA、CDMA2000 和 TD-SCDMA 三大分支，三个制式之间存在相互兼容的问题；第二，3G 的频谱利用率还比较低，不能充分地利用宝贵的频谱资源；第三，3G 支持的速率还不够高。这些不足远远不能适应未来移动通信发展的需要，因此需要寻求一种能适应未来移动通信需求的新技术。

另外，全球微波接入互操作性（Worldwide Interoperability for Microwave Access，WiMAX）又称为802.16 无线城域网（核心标准是 802.16d 和 802.16e），是一种为企业和家庭用户提供"最后一英里"服务的宽带无线连接方案。此技术与需要授权或免授权的微波设备相结合之后，由于成本较低，从而扩大了宽带无线市场，改善了企业与服务供应商的认知度。2007 年 10 月 19 日，在国际电信联盟在日内瓦举行的无线通信全体会议上，经过多数国家投票通过，WiMAX 正式被批准成为继 WCDMA、CDMA2000 和TD-SCDMA 之后的第四个全球 3G 标准。

1.2.4　第四代移动通信系统

2000 年确定了 3G 国际标准之后，ITU 就启动了第四代（4th Generation，4G）移动通信系统的相关工作。2008 年 ITU 开始公开征集 4G 标准，有 3 种方案成为 4G 标准的备选方案，分别是 3GPP 的长期演进（Long Term Evolution，LTE）、3GPP2 的超移动宽带（Ultra Mobile Broadband，UMB）以及电气和电子工程师协会（Institute of Electrical and Electronics Engineers，IEEE）的 WiMAX（IEEE 802.16m，也被称为 Wireless MAN-Advanced 或者 WiMAX2），其中最被产业界看好的是 LTE。LTE、UMB 和移动WiMAX 虽然各有差别，但是它们也有相同之处，即 3 个系统都采用了正交频分复用（Orthogonal Frequency Division Multiplexing，OFDM）和多入多出（Multiple-Input Multiple-Output，MIMO）技术，以提供更高的频谱利用率。其中，3GPP 的 R8 开始进行 LTE 标准化的制定，后续在特性上进行了增强和增补。

LTE 并不是真正意义上的 4G 技术，而是 3G 向 4G 技术发展过程中的一个过渡技术，也被称为 3.9G 的全球化标准，它采用 OFDM 和 MIMO 等关键技术，改进并且增强了传统无线空中接入技术。这些技术的运用，使得 LTE 的峰值速率相较于 3G 有了很大的提高。同时，LTE 技术改善了小区边缘位置用户的性能，提高了小区容量值，降低了系统的延迟和网络成本。

2012 年，LTE-Advanced 被正式确立为 IMT-Advanced（也称 4G）国际标准，我国主导制定的 TD-LTE-Advanced 同时成为 IMT-Advanced 国际标准。LTE 包括 TD-LTE（时分双工）和 LTE FDD（频分双工）两种制式，我国引领了 TD-LTE 的发展。TD-LTE 继承和拓展了 TD-SCDMA 在智能天线、系统设计等方面的关键技术和自主知识产权，系统能力与 LTE FDD 相当。2015 年 10 月，3GPP 在项目合作组（Project Coordination Group，PCG）第 35 次会议上正式确定将 LTE 新标准命名为 LTE-Advanced Pro。这是 4.5G 在标准上的正式命名。这一新的品牌名称是继 3GPP 将 LTE-Advanced 作为 LTE 的增强标准后，对 LTE 系统演进的又一次定义。

1.2.5 第五代移动通信系统

2015 年 10 月 26 日至 30 日，在瑞士日内瓦召开的 2015 无线电通信全会上，国际电信联盟无线电通信部门（ITU-R）正式批准了 3 项有利于推进未来 5G 研究进程的决议，并正式确定了 5G 的法定名称是"IMT-2020"。

为了满足未来不同业务应用对网络能力的要求，ITU 定义了 5G 的八大能力目标，如图 1-2 所示，分别为峰值速率达到 10Gbit/s、用户体验速率达到 100Mbit/s、频谱效率是 IMT-A 的 3 倍、移动性达到 500km/h、空口（"空中接口"的简称）时延达到 1ms、连接数密度达到 10^6 个设备/km^2、网络功耗效率是 IMT-A 的 100 倍、区域流量能力达到 10Mbit/s/m^2。

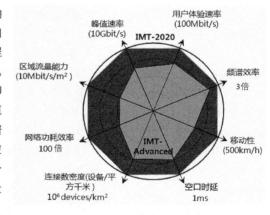

图 1-2 5G 的八大能力目标

5G 的应用场景分为三大类——增强移动宽带（enhanced Mobile Broadband，eMBB）、超高可靠低时延通信（ultra Reliable and Low Latency Communication，uRLLC）、海量机器类通信（massive Machine Type of Communication，mMTC），不同应用场景有着不同的关键能力要求。其中，峰值速率、时延、连接数密度是关键能力。eMBB 场景下主要关注峰值速率和用户体验速率等，其中，5G 的峰值速率相对于 LTE 的 100Mbit/s 提升了 100 倍，达到了 10Gbit/s；uRLLC 场景下主要关注时延和移动性，其中，5G 的空口时延相对于 LTE 的 50ms 降低到了 1ms；mMTC 场景下主要关注连接数密度，5G 的每平方千米连接数相对于 LTE 的 10^4 个提升到了 10^6 个。不同应用场景对网络能力的诉求如图 1-3 所示。

2016 年 6 月 27 日，3GPP 在 3GPP 技术规范组（Technical Specifications Groups，TSG）第 72 次全体

会议上就 5G 标准的首个版本——R15 的详细工作计划达成一致。该计划记述了各工作组的协调项目和检查重点，并明确 R15 的 5G 相关规范将于 2018 年 6 月确定。

在 3GPP TSG RAN 方面，针对 Release 15 的 5G 新空口（New Radio，NR）调查范围，技术规范组一致同意对独立（Stand-alone，SA）组网和非独立（Non-Standalone，NSA）组网两种架构提供支持。其中，5G NSA 组网方式需要使用 4G 基站和 4G 核心网，初期以 4G 作为控制面的锚点，满足运营商利用现有 LTE 网络资源，实现 5G NR 快速部署的需求。NSA 组网作为过渡方案，主要以提升热点区域带宽为主要目标，没有独立信令面，依托 4G 基站和核心网工作，对应的标准进展较快。

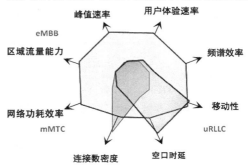

图 1-3　不同应用场景对网络能力的诉求

要实现 5G 的 NSA 组网，需要对现有的 4G 网络进行升级，对现网性能和平稳运行有一定影响，需要运营商关注。R15 还确定了目标用例和目标频带，目标用例为增强移动宽带、超高可靠低时延通信以及海量机器类通信，目标频带分为低于 6GHz 和高于 6GHz 的范围。另外，TSG 第 72 次全体会议在讨论时强调，5G 的标准，在无线和协议两方面的设计都要具有向上兼容性，且分阶段导入功能是实现各个用例的关键点。

2017 年 12 月 21 日，在国际电信标准组织 3GPP RAN 的第 78 次全体会议上，5G NSA 标准冻结，这是全球第一个可商用部署的 5G 标准。5G 标准 NSA 组网方案的完成是 5G 标准化进程的一个里程碑，标志着 5G 标准和产业进程进入加速阶段，标准冻结对通信行业来说具有重要意义，这意味着核心标准就此确定，即便将来正式标准仍有微调，也不影响之前厂商的产品开发，5G 商用进入倒计时。

2018 年 6 月 14 日，3GPP TSG 第 80 次全体会议批准了 5G SA 标准冻结。此次 SA 标准的冻结，不仅使 5G NR 具备了独立部署的能力，还带来了全新的端到端新架构，赋能企业级客户和垂直行业的智慧化发展，为运营商和产业合作伙伴带来了新的商业模式，开启了一个全连接的新时代。至此，5G 已经完成第一阶段标准化工作，进入了产业全面冲刺新阶段。3GPP 关于 5G 协议标准的规划路线如图 1-4 所示。

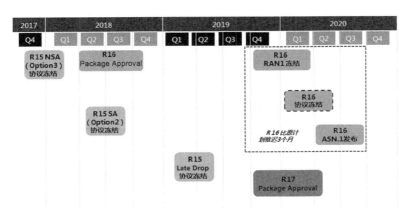

图 1-4　3GPP 关于 5G 协议标准的规划路线

1.3　5G 网络架构和特点

5G 将渗透到未来社会的各个领域，而且不同领域对于网络的要求不同，例如，智能家居、智能电网、智能农业等都需要大量的额外连接和频繁传输小型数据包的服务支撑；自动驾驶和工业控制要求毫秒级延迟和趋于 100% 的可靠性；而娱乐信息服务要求固定的或移动的宽带连接。因此，5G 网络需要具备更加灵活的架构以支撑不同环境下的业务诉求。在介绍 5G 网络之前，有必要了解一下 5G 网络演进的过程，这里主要介绍核心网侧网络的演进、5G 核心网（5G Core network，5GC）的网络架构及特点。

1.3.1 5G 网络演进

随着 5G 网络的发展，4G 网络逐渐向 5G 网络演进。在演进的过程中，诞生了多种演进方案。经过 3GPP 组织讨论研究，最终保留可以部署实施的几种方案，运营商可以根据不同的网络情况选择合适的方案。

诸多的演进方案主要分成两种组网类型，一种是 NSA 组网，另一种是 SA 组网。5G NSA 组网是一种保留现有 4G 接入并新增 5G 接入的组网方式。在 NSA 组网解决方案中，用户终端可以同时连接到 4G 和 5G 基站，其中，一个基站为主站，负责信令转发，另一个基站为辅站，负责用户数据转发。NSA 组网方式是 4G 接入和 5G 接入相互辅助的解决方案，能够依赖 4G 的覆盖快速部署，保护运营商在 4G 网络中的投资。5G SA 组网解决方案中的基站是 5G 基站，核心网是 5G 核心网，不需要其他网络基站辅助。所以，NSA 组网是 4G 网络平滑演进到 5G 网络的中间方案，而 SA 组网是 5G 的最终组网方案。

运营商在进行网络演进部署的过程中涉及多种方案，该如何选择方案呢？目前，国内三大运营商都已经实现 4G 的全覆盖，网络设备已经完成部署，如果直接进行 5G 网络改造，会对运营商已经部署的 4G 网络形成很大的冲击，造成投资的浪费。下面介绍网络演进过程中的常用方案。

常用方案有 Option2/3/4/7，其中，Option2 是 SA 组网，是网络演进的最终目标。Option2 组网方案如图 1-5 所示，核心网是 5G 核心网，无线侧是 5G 基站，用户数据发送到 5G 基站之后，基站统一发送给 5G 核心网，并转发给数据网络。其中，5GC 遵循基于服务的架构（Service Based Architecture，SBA），各网元之间使用服务化的标准接口。

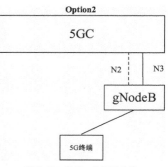

图 1-5 Option2 组网方案

Option3/4/7 是 NSA 组网。在 NSA 组网中，根据是以 4G 基站作为主站，还是以 5G 基站作为主站，产生了不同的 NSA 组网解决方案。

eNodeB 表示 4G 无线接入设备，gNodeB 表示 5G 无线接入设备（5G 基站），演进型分组核心网（Evolved Packet Core network，EPC）表示 4G 核心网，EPC+ 表示升级之后支持 NSA 特性的 4G 核心网，5GC 表示 5G 核心网。虚线表示控制面消息，实线表示用户面数据，使用不同的 Option 选项，用户面的转发策略也不同。图 1-6 中的 S1 接口表示无线连接 4G 核心网的接口，包括用户面接口 S1-U 和控制面接口 S1-C。

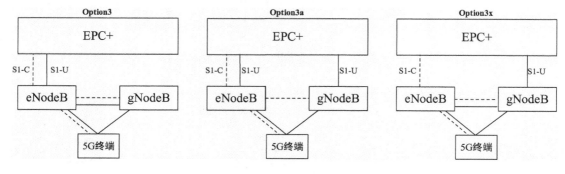

图 1-6 Option3 组网方案

Option3 是以现有的 4G 无线接入网和核心网作为移动性管理和覆盖的锚点，新增 5G 接入的组网方式，是 EPC 向 5G 网络演进过程中可能选择的 NSA 组网方案，在 Option3 解决方案中，4G 基站是信令处理基站，作为主站；5G 基站负责转发用户数据，作为从站。其无须部署新的 5G 核心网，只需要将 EPC 升级，以支持 5G 业务，支持 5G 接入，主要信令流程基本不变，消息传递过程中的携带消息字段会进行更新，添加部分新的字段，以支持 5G 特性参数的传递。由于核心网还是 EPC，同时基站可以利用原来 4G 网络的 LTE 基站，初始的投资不大，所以很多部署 4G 网络的运营商倾向于在 5G 网络部署初期采用该组网方案。

Option3 解决方案被国内运营商选为初期的改造方案，在图 1-6 所示的 Option3 解决方案中，4G 基站做信令转发，4G 基站和 5G 基站都可做用户面转发。其根据用户面分流方案不同又分成 Option3、3a、3x 三个子方案。

Option3 子方案将 4G 的 LTE 基站作为用户面的分流点，核心网把所有的流量转发给 LTE 基站，LTE 基站根据 LTE 和 5G 基站的实际负载情况进行动态分流，这个分流方案将 LTE 基站 eNodeB 作为分流点，执行数据包级的分流。Option3 子方案主要从 LTE 进行流量分流，但是 LTE 基站的上行带宽是相对有限的，一般为 1Gbit/s，如果用户希望使用高带宽，则需要扩容 LTE 基站的上行带宽，工程量很大。

Option3a 解决方案将核心网作为分流点，进行承载级分流，在承载创建的时候，核心网建立两个承载，分别连接到 LTE 和 5G 基站，但是核心网不能通过感知无线侧基站的负载情况来调整分流情况。在 Option3a 子方案中，核心网分流不能感知无线的状态，不能根据无线的负载情况进行资源分配，所以目前国内运营商主要选用 Option3x 解决方案，通过将 gNodeB 作为分流点进行分流。

Option3x 解决方案将 gNodeB 作为分流点，进行数据包级的分流，核心网把所有的流量转发给 gNodeB，gNodeB 基于无线资源的使用情况动态地调整 gNodeB 和 LTE 的负载情况。在 Option3x 子方案中，EPC 需要升级以支持相应的 5G 特性，如双连接、高速网关选择等，可以通过升级原来的 4G 核心网网络设备来支持新特性。如果有新建或扩容需求，则可以通过云化硬件进行部署，部署成功后，云化后网元和传统部署网元组成异构混合组池，共同承载业务，最大限度地保护 4G 投资。

在网络演进的过程中，需要实时关注业务的连续性、可靠性等，特别是语音解决方案。目前，国内 NSA 组网部署方案选择的是 Option3x。现以 Option3x 为例介绍演进过程中的语音解决方案。Option3x 语音解决方案类似于 EPC，使用基于 LTE 的语音（Voice over Long Term Evolution，VoLTE）业务，或者电路交换回退（Circuit-Switched FallBack，CSFB）解决方案。如果手机支持 VoLTE 业务，则在 Option3x 的组网中使用 VoLTE 解决方案实现语音，此时，用户语音业务固定通过 LTE 基站进行传输，数据业务通过 gNodeB 进行转发，实现无线侧分流。如果手机不支持 VoLTE 业务，则需要回落到电路域实现语音业务。

如图 1-7 和图 1-8 所示，Option4 以 gNodeB 作为信令转发点，Option7 以 eLTE（升级之后的 LTE 基站，可以对接 4G 和 5G 核心网）作为信令转发点，N2、N3 表示 5G 无线基站到 5G 核心网的接口，同样包括用户面和控制面，用户面为 N3，控制面为 N2。Option7 组网方案在 Option3 的基础上进行了升级，核心网从 EPC+升级到 5G 核心网，核心网需要完成云化改造，无线侧作为主站的 LTE 基站升级成 eLTE。Option4 组网方案的核心网与 Option7 一样，也是 5G 核心网，但是，主站由 eLTE 换为 gNodeB 基站，主要部署场景是在 gNodeB 有相当的覆盖面之后，替换退网 LTE 基站。Option4/7 组网方案主要用于后期融合改造，需要重新部署或者改造核心网，对现有网络影响较大，当 5G 覆盖范围已经超过 4G 时，在 4G 即将退网之际，通过 Option4/7 组网方案可完成整个网络从 4G 到 5G 的演进。

4G 演进到 5G 的过程也涉及网络架构和网元功能的变化。4G 的核心网设备既可以通过云化硬件实现，又可以通过传统硬件实现（云化硬件指通用的标准化硬件，传统硬件指定制化专用硬件），而 5G 网络控制面网元必须由云化硬件实现，并且天然支持 CU 分离（即控制面和用户面分离），以更好地适配移动边缘计算，为用户提供更贴近终端的优质服务。只有完成 CU 分离改造后，4G 核心网才可以和 5G 核心网融合部署。因此，为实现 5G 的平滑演进，网络架构会提前进行云化改造，包括云化硬件改造、CU 分离改造等。如果在 4G 时代已经完成云化改造，则可以通过虚拟化资源池部署 5G 网络功能，仅进行软件升级即可。反之，如果在 4G 时代没有完成云化改造，使用的还是传统硬件，则进行 5G 核心网部署的时候需要替换硬件，其中，新建云化硬件支持 5G 核心网控制面网元，用户面网元则可以利用部分 4G 的硬件设备。国内初期进行 NSA 组网改造的时候是通过升级软件实现的，没有进行硬件替换，用户面转发网关设备也没有进行 CU 分离。所以在进行网络改造的时候，需要替换部分硬件设备完成云化改造。在进行 CU 分离改造之前，用户面网关因为信令接口很难下沉和下沉之后维护困难导致很难实现网关下沉，或者只能实现少量设备下沉。因此，在 NSA 组网场景下，如果是需要支持低时延的业务场景，则要先完成 CU 分离，再将用户面下沉，以实现低时延业务。

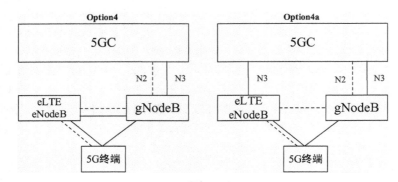

图 1-7　Option4 组网方案

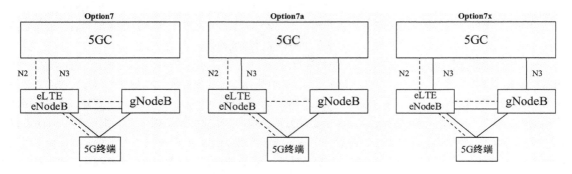

图 1-8　Option7 组网方案

1.3.2　5G 核心网网络架构

当前 3GPP 协议定义的网元功能组合复杂，存在功能重叠现象，无法做到为某一种特定的业务类型定制控制功能组合，因此，不同的业务将共用同一套逻辑控制功能，众多控制功能间的紧耦合性及网元间接口的复杂性给业务的上线、网络的运维带来了极大的困难，其灵活性不足以支撑 5G 时代的多业务场景。为了适配未来不同服务的需求，5G 网络架构被寄予了非常高的期望。业界结合信息技术（Information Technology，IT）的 Cloud Native（云原生）的理念，对 5G 网络架构进行了两个方面的变革：一是将控制面功能抽象为多个独立的网络服务，希望以软件化、模块化、服务化的方式来构建网络；二是控制面和用户面分离，使用户面功能摆脱"中心化"的束缚，使其既可以灵活部署于核心网，又可以部署于更靠近用户的接入网。

图 1-9 给出了基于 SBA 的 5G 网络架构，包括控制面和用户面，以及各网络功能之间的接口。在控制

面网络功能之间使用了服务化接口，例如，Namf 表示接入和移动性管理功能（Access and Mobility Management Function，AMF）提供的和其他网络功能交互的标准接口，其他的接口类似。图 1-9 的下半部分描绘了用户面之间或者用户面和控制面之间的接口，主要用于用户面数据转发，如 N3、N6 等，以及用户面和控制面之间进行交互的接口，如 N4 接口。图 1-9 中，AN 表示接入网（Access Network），提供用户无线接入功能，DN 表示数据网（Data Network），UE 表示用户设备（User Equipment）。

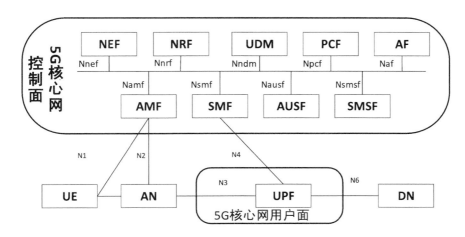

图 1-9 基于 SBA 的 5G 网络架构

在 5GC 中，3GPP 提供了两种形式的参考点。一种是基于服务化接口的参考点，如图 1-10 所示，控制面各网络功能之间的交互关系基于服务化接口，如 N11、N12 等接口；另一种是基于传统点对点通信的参考点，如图 1-10 所示，控制面和 UPF、5GC 和无线侧及外部网络连接时，仍基于传统的点对点通信参考点，如 N1、N2 等接口。各接口使用 3GPP 各自定义的协议。

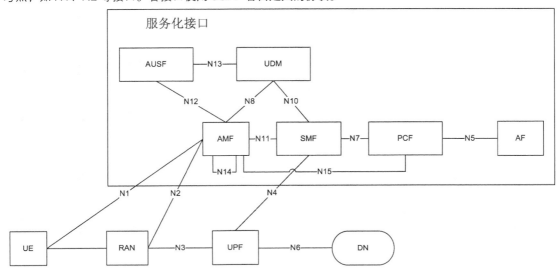

图 1-10 5G 参考点架构

每个网络服务和其他服务在业务功能上解耦，并且对外提供服务化接口，可以通过相同的接口向其他调用者提供服务，将多个耦合接口转换为单一服务接口，从而减少了接口数量。这种架构即是基于服务的架构。表 1-1 对 5G 核心网功能做了简介，包括控制面网元和用户面网元。

表 1-1　5G 核心网功能简介

网络功能	功能简介
AMF	接入和移动性管理功能，执行注册、连接、可达性、移动性管理。为用户设备和 SMF 提供会话管理消息传输通道，为用户接入提供认证、鉴权功能，是终端和无线的核心网控制面接入点
SMF（Session Management Function）	会话管理功能，负责隧道维护、IP 地址分配和管理、UP 功能选择、策略实施和 QoS 中的控制、计费数据采集、漫游等
AF（Application Function）	应用功能，进行业务 QoS 授权请求等
UDM（Unified Data Management）	统一数据管理功能，3GPP AKA 认证、用户识别、访问授权、注册、移动、订阅、短信管理等
NRF（NF Repository Function）	提供注册和发现功能的新功能，可以使网络功能（Network Function，NF）相互发现并通过 API 进行通信
AUSF（Authentication Server Function）	认证服务器功能，实现 3GPP 和非 3GPP 的接入认证
PCF（Policy Control Function）	策略控制功能，统一的政策框架，提供控制平面功能的策略规则
NEF（Network Exposure Function）	网络开放功能，开放各 NF 的能力，转换内外部信息
UPF（User Plane Function）	用户面功能，分组路由转发、策略实施、流量报告、QoS 处理
SMSF（Short Message Service Function）	短消息服务功能，负责短消息转发处理
NSSF（Network Slice Selection Function）	网络切片选择功能，根据 UE 的切片选择辅助信息、签约信息等确定 UE 允许接入的网络切片实例

5GC 的设计理念是"Cloud Native"，利用网络功能虚拟化（Network Functions Virtualization，NFV）和软件定义网络（Software Defined Networking，SDN）技术，在控制面功能间基于服务进行交互。这些服务部署在一个共享的、编排好的云基础设施上，并进行相应的设计以完成不同业务诉求。

1.3.3　5G 网络特点

随着 5G 网络、物联网、视频及云服务等新技术和新业务的不断兴起，传统网络在资源共享、敏捷创新、弹性扩展和简易运维等方面存在明显不足，使得运营商面临持续的运营和市场竞争压力。为有效满足需求，夯实竞争力，网络转型迫在眉睫，网络转型需借助 NFV 和 SDN 等架构和先进技术，以构建面向未来的全面云化网络。全面云化网络需要具备以下 3 个关键特征。

（1）所有硬件的资源池化，包括网络和 IT 设备，从而实现资源的最大共享，改变传统的"烟囱式"架构。

（2）软件的架构要实现全分布化，全分布化是实现大规模系统的基本条件。分布式系统才能具备弹性能力，才能够实现故障的灵活处理和资源的灵活调度。

（3）全自动化，即所有的业务部署、资源调度及故障处理都要实现全自动，不需要人工干预。

只有实现了这 3 个关键特征才是真正实现了全面云化，否则，云化只是某种意义上或者某个局部的云化。

云化 5G 核心网有下列重要特征。

（1）云化架构（将在"云计算基础""网络功能虚拟化""电信云关键技术"各章中详细介绍）。

（2）SBA 架构（将在"容器技术与微服务架构"一章中详细介绍）。

（3）CU 分离与 MEC（将在"边缘计算"一章中详细介绍）。

（4）架构安全（将在"电信云安全技术"一章中详细介绍）。

最后，在云化 5G 核心网基础上，可以构建逻辑隔离的网络切片，以满足未来多样化的服务需求。切片就是通过端到端隔离的网络资源，提供端到端隔离的用户体验，以满足未来垂直行业多样化的业务需求。使用网络切片技术，可在一个独立的物理网络上切分出多个逻辑网络，从而避免了为每一个服务建设一个专用的物理网络的麻烦。切片本质上就是将运营商的物理网络划分为多个虚拟网络，每一个虚拟网络针对不同的服务需求，如时延、带宽、可靠性、安全性等，以灵活应对不同的应用场景。

在 5G 时代，移动网络服务的对象不再是单纯的移动手机，而是各种类型的设备，如笔记本电脑、平板电脑、固定传感器、车辆等；应用场景也多样化，如移动宽带、大规模互联网、任务关键型互联网等；需要满足的要求也多样化，如带宽、时延、可靠性、移动性、安全等。例如，在图 1-11 中，不同行业对网络需求的差异性极大。5G 网络通过切片技术实现以一张网络满足用户不同服务的需求。

网络切片是一个端到端的复杂的系统工程，实现起来相当复杂，需要经过 3 个穿透的网络：接入网络、核心网络、数据和服务网络。要想实现网络切片，NFV 是先决条件。只有网络采用 NFV 和 SDN 后，网络切片才能真正实施。同时，NFV 的技术应用使用户可以按需定制网络资源，即有需要时部署对应的网络功能，不需要时释放资源，可重复利用资源池，降低了投资成本。

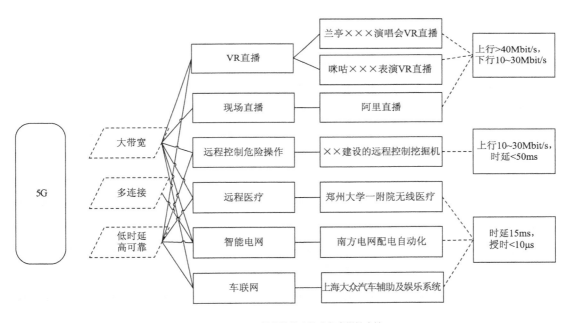

图 1-11　5G 网络切片带来的业务多样性支持

1.4　本书内容与学习目标

本书接下来的 6 章分别是云计算基础、网络功能虚拟化、电信云关键技术、容器技术与微服务架构、边缘计算和电信云安全技术。

在第 2 章"云计算基础"中，主要介绍了云计算的发展历程、云计算的特征、云计算的服务模式、云计算的部署模式及云计算的价值。完成第 2 章的学习后要求能够掌握如下知识点。

（1）云计算的概念。

（2）云计算的特征。

（3）云计算的服务模式和部署模式。

（4）云计算的应用价值。

在第 3 章"网络功能虚拟化"中，主要介绍了网络功能虚拟化产生的背景、NFV 参考架构、华为 NFV 解决方案、华为 CloudCore 和 CloudEdge 解决方案、NFV 工程实例。完成第 3 章的学习后要求能够掌握如下知识点。

（1）NFV 参考架构。

（2）华为 NFV 解决方案。

（3）NFV 工程实例。

在第 4 章"电信云关键技术"中，主要介绍了云操作系统（Cloud Operation System，Cloud OS）与 OpenStack、计算虚拟化技术、存储虚拟化技术、网络虚拟化技术。完成第 4 章的学习后要求能够掌握如下知识点。

（1）云操作系统的功能。

（2）OpenStack 的原理和架构。

（3）计算虚拟化基本原理和常用技术。

（4）存储虚拟化基本原理和常用技术。

（5）网络虚拟化基本原理和常用技术。

在第 5 章"容器技术与微服务架构"中，主要介绍了容器技术与微服务架构的概念和应用（包括容器技术在 5G 网络中的应用、微服务治理、华为容器解决方案、华为 5G 微服务解决方案）。完成第 5 章的学习后要求能够掌握如下知识点。

（1）容器技术原理和基本概念。

（2）华为容器解决方案。

（3）微服务架构。

（4）华为 5G 微服务解决方案。

（5）微服务治理。

在第 6 章"边缘计算"中，主要介绍了边缘计算的发展历程、边缘计算的定义、边缘计算的架构、边缘计算在 5G 网络中的应用。完成第 6 章的学习后要求能够掌握如下知识点。

（1）边缘计算的定义。

（2）边缘计算的架构。

（3）边缘计算在 5G 网络中的应用。

在第 7 章"电信云安全技术"中，主要介绍了安全原则、电信云安全威胁、电信云安全技术、5G 网络云化安全新特性和新挑战。完成第 7 章的学习后要求能够掌握如下知识点。

（1）安全原则。

（2）电信云安全威胁。

（3）电信云安全技术介绍。

（4）5G 网络云化安全新特性和新挑战。

本书介绍的各个章节的逻辑关系如图 1–12 所示，包括 NFV、容器/微服务、电信云安全、边缘计算等。

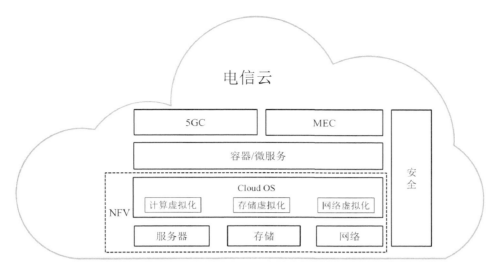

图 1-12　各个章节的逻辑关系

1.5　本章小结

本章先介绍了 5G 网络的整体架构，包括无线接入网、承载网和核心网；再讲解了移动通信系统从第一代向第五代演进的过程，并对本书的所有章节的内容和每个章节的学习目标进行了描述。

通过本章内容的学习，读者应该对 5G 整体网络架构有一定的了解，熟悉移动通信网络演进的过程，并充分了解本书的内容规划和学习目标。

课后练习

1.　选择题

（1）5G 移动通信系统网络架构中，属于无线接入网的设备是（　　　）。

　　A．BTS　　　　　　　　B．BSC　　　　　　　　C．gNodeB　　　　　　　D．eNodeB

（2）从物理层次划分，5G 承载网被划分为（　　　）。

　　A．前传网　　　　　　　B．中传网　　　　　　　C．后传网　　　　　　　D．回传网

（3）为了满足低时延业务需要，核心网的部分网络需要下沉到（　　　）中。

　　A．核心 DC　　　　　　B．中心 DC　　　　　　C．区域 DC　　　　　　D．边缘 DC

（4）全球 3G 标准包含（　　　）。

　　A．WCDMA　　　　　　B．CDMA2000　　　　　C．TD-SCDMA　　　　　D．WiMAX

（5）4G 使用的接入技术是（　　　）。

　　A．FDMA　　　　　　　B．CDMA　　　　　　　C．TDMA　　　　　　　D．OFDMA

2.　简答题

（1）写出 ITU 定义的 5G 的八大能力目标。

（2）简述 5G 的三大应用场景。

Communication

Chapter

2

第 2 章
云计算基础

近几年，我国云计算产业发展迅猛，年均增长率超过30%，是全球增速最快的市场之一。在为互联网产业提供支撑的同时，我国云计算技术已经开始向制造、金融、政务、医疗、教育等多领域延伸、拓展，通过整合各类资源，促成了产业链上、下游的高效对接，实现了传统行业与信息技术的融合发展，也为"大众创业、万众创新"提供了重要基础。在通信领域，5G 网络天生就是云化的，云计算技术是 5G核心网的基础平台技术，也是云数据中心中最重要的平台技术，其重要性不言而喻。

本章主要介绍云计算的发展历程、特征、服务模式、部署模式，以及 Cloud Native 的概念和应用。

课堂学习目标

● 了解云计算的发展历程和定义

● 掌握云计算的五大特征

● 掌握云计算的服务模式和部署模式

● 了解云计算的价值

● 了解 Cloud Native 的概念及应用

2.1　云计算的发展历程

　　云计算从概念到大规模实践，短短数年间得到了迅猛发展。它与诸多行业的深度融合，带来了颠覆性的创新，凸显出了巨大的应用价值和发展前景，下面将介绍云计算的产生和发展历程。

V2-1 云计算基础

2.1.1　云计算的产生和发展历程

　　云计算的原始思想最早是由计算机科学家约翰·麦卡锡(John McCarthy)教授于20 世纪 60 年代提出来的。当时的计算机刚刚进入晶体管时代，虽然在计算性能、计算机体积、能耗和可靠性等方面与第一代计算机（如美国军方于 1946 年研制的，占地 167 m^2、重达 27 t 的世界上的首台计算机）相比有了很大的提高，但是计算机在当时仍是非常昂贵的资源，主要用于军方、政府部门、跨国公司等机构，拥有并使用计算机对普通民众而言还是遥不可及的。

　　为了使更多用户和机构能够使用当时稀缺的计算资源，并提高硬件资源的利用率，斯坦福大学的计算机科学家约翰·麦卡锡教授于 1961 年提出：“如果我倡导计算机能在未来得到使用，那么有一天，计算机也可能会像电话一样成为公共设施。计算机应用（ Computer Utility ）将成为一种全新的、重要的产业基础。”约翰·麦卡锡教授提出了一个非常超前的理念——“计算机可能变成一种公共资源”，计算机可以为每个人提供服务。具有同样超前意识的还有道格拉斯·帕克希尔（ Douglas Parkhill ），他在 1966 年发表的著作《效用计算的挑战》（ The Challenge of the Computer Utility ）中对约翰·麦卡锡的理论进行了更加具体的描述，将计算资源类比为电力公司提供的电力资源，并提出了私有资源、共有资源、社区资源等概念，对类似动态扩展、在线发布等云计算特性也做了非常详尽的描述。

　　道格拉斯·帕克希尔的理论还有更加具体的阐释。1969 年，美国国防部高级研究计划署网络（ Advanced Research Project Agency Network，简称 ARPANET，是世界上第一个报文交换网络，也是 Internet 的前身）项目负责人约瑟夫·利克莱德（ Joseph Licklider ）将计算资源与他所熟悉的数据网络相结合，提出了从“任意地点通过网络访问计算机程序”的设想。

　　随着上述引领计算机未来发展方向的伟大思想的产生和不断完善，云计算的概念也逐渐清晰起来。1997年，拉姆纳特·切拉帕（ Ramnath Chellapa ）教授在他的一次演讲中提出了云计算的第一个学术定义：计算资源的边界不再由技术来决定，而是由经济需求来决定。换句话说，计算资源的形式可以是动态的，可以根据人们的需求而变化，如果用户不在机房内，但是仍需要操作软件程序，那么用户可以通过远程登录的方式使用异地的计算资源。2006 年 8 月 9 日，谷歌首席执行官埃里克·施密特（ Eric Schmidt ）在搜索引擎大会（ SES San Jose 2006 ）上首次提出“云计算”（ Cloud Computing ）的概念。

　　最早实现云计算服务商业化的公司是 Salesforce。1999 年，Salesforce 公司开始向它的企业客户提供基于云计算的服务，主要产品是客户关系管理（ Customer Relationship Management，CRM ）系统。企业客户可以利用 CRM 系统来处理他们最宝贵的客户资源和市场数据，指导制定下一季度的销售策略，对一个企业的 IT 部门来说，保证 CRM 系统的稳定和高效是优先级最高的工作。在传统模式下，一家企业如果要部署一套 CRM 系统，首先需要做需求调研、系统规划设计、资金预算、资金申请，然后建设机房，购买服务器、存储、网络等硬件设备和 CRM 软件系统，同时需要雇佣 IT 人员来安装、调试整个系统。上述流程走完通常需要几个月的时间。系统上线后，还需要专人维护，以保障整个系统的正常运行。这种模式存在系统上线耗时长、投资大、后期维护费用高等缺点。对此，Salesforce 公司给出了全新的解决方案，提供按需定制的软件服务，用户每个月可以支付费用来使用网站上的各种服务，这些服务涉及 CRM 系统的各个方面，包括普通的联系人管理、产品目录和订单管理、机会管理、销售管理等。它提供了一个平台，使得客户无须拥有自己的软件，也无须花费大量资金和人力对记录数据进行维护、储存和管理，所有的记录和数据都可以储存在 Salesforce.com 上。与传统模式不同，新的模式下，用户可以随时根据需要增加一些新的功能或者去除一些不必要的功能，真正地实现了按需使用。这种全新的服务模式很快就被市场所接受。2004 年，Salesforce.com 的收入达到了 1.75 亿美元。Salesforce.com 的成功第一次证明了基于云的服务不仅是大型业务系统的廉价替代品，还是提高企业运营效率、促进业务发展的解决方案，并在可靠性方面实现了一个极高的标准。这种服务模式称之为软件即服务（Software as a Service，SaaS）。

Salesforce 公司开启了云计算时代，而把云计算推向下一个高峰的公司是亚马逊（Amazon）。亚马逊是一家在线零售商，它提供的服务与国内的淘宝、京东所提供的服务相似。为了提高客户体验，亚马逊按照业务高峰期的资源需求来设计业务系统，在圣诞节购物季等高峰时段也能够满足用户的需要。但是过了业务高峰期，数据中心中 90% 的资源就处于闲置状态，对一个企业来说，这是极大的资源浪费。于是亚马逊开始寻找一种更有效的方式来利用自己数据中心的资源，可以将计算资源从单一的、特定的业务中解放出来，在空闲的时候提供给其他有需要的用户使用。2003 年，此计划在亚马逊内部开始实施和试用，得到的反馈相当不错。之后，亚马逊开始将这个服务开放给外部客户，并将其命名为亚马逊 Web 服务（Amazon Web Services，AWS）。最初的 AWS 只是一个简单的线上资源库，影响有限。随后，亚马逊于 2006 年发布了弹性云计算（Elastic Computer Cloud，EC2）。EC2 是一款面向公众，提供基础架构云服务的产品，其在云端模拟了一个计算机运行的基本环境，可以看作一个在云端运行的虚拟机。假设有一个为期三个月的项目，原先需要搭建一台 Windows Server，而有了 EC2 之后，就不必专门为此去采购硬件了，只需要向 AWS 申请一个为期三个月的账号，将 Windows Server 应用上传到 Amazon 的服务器上即可完成部署。Amazon 会提供一个公共网关，通过这个网关用户可以访问架设在 Amazon 数据中心内的 Windows Server 的所有功能。EC2 是一个里程碑式的产品，是业界第一个将基础设施大规模开放给公众的云计算服务。云计算的用户不再局限于某种特定的服务，用户可以根据自己的需要构建所需的服务。这就像盖房子，当有了水泥、钢筋等基础材料时，用户便可以去建造自己想要的建筑，如写字楼、公寓、别墅等。上述服务模式称为基础设施即服务（Infrastructure as a Service，IaaS）。

除了 IaaS 和 SaaS 外，还有一种云计算服务模式：平台即服务（Platform as a Service，PaaS）。2009 年，Google 开始对外提供 Google App Engine 服务。其属于 PaaS，它搭建了一个完整的 Web 开发环境，用户可以在浏览器里面开发和调试自己的产品，然后直接部署到 Google 的云平台上，并对外发布服务。Google App Engine 的出现使得开发人员可以专注于产品的开发，而不必再花费精力去搭建和维护开发环境，从而提高了开发人员的工作效率。以 Google App Engine 为代表的 PaaS 补齐了云计算的一块重要的产品版图。

2.1.2 云计算的定义

前面的章节回顾了云计算的历史。但大家仍有一个最基本的疑惑：什么是云计算？之所以要提到这个问题，是因为云计算本身是一个非常抽象的概念，要准确地把握其内涵并不容易。从 Salesforce、AWS 和 Google App Engine 的商业模式来看，云计算实际上提供的是一种服务，而不是简简单单的某种具体的产品。云计算服务与其他服务的本质区别主要体现在以下 3 个方面。

（1）云计算能随需应变地提供似乎无限的计算资源，云计算终端用户无须再为采购计算机硬件资源而准备预算。

（2）云用户可以按需动态地提出资源需求，而不需要预先给出承诺。

（3）云计算允许用户短期使用资源（如按小时购买处理器或按天购买存储）。当不再需要这些资源的时候，用户可以方便地释放其所占用的资源。

这些描述虽然比较抽象，但基本上总结出了云计算服务与其他服务的区别。云安全联盟（Cloud Security Alliance，CSA）在《云计算关键领域安全指南》（Security Guide for Critical Areas of Focus in Cloud Computing V3.0）中更为精确地说明了云计算的本质："云计算的本质是一种提供服务的模式，通过这种模式，可以随时、随地、按需地通过网络访问共享资源池的资源，这个资源池的内容包括计算资源、存储资源、网络资源等，这些资源能够被动态地分配和调整，在不同用户之间灵活地划分。凡是符合这些特征的 IT 服务都可以称为云计算服务。"

这是业界公认的、比较全面的云计算定义。实际上，云计算就是为用户提供的一种 IT 服务，而且这种服务需要满足五大特征：按需自助服务、统一的网络接入、与位置无关的资源池、快速弹性、按使用付费。如果某种服务能同时满足这五大特征，这种服务就是云计算服务。

2.2　云计算的五大特征

云计算的五大特征是理解云计算概念的基础，下面介绍五大特征的具体内容。

1．按需自助服务

云计算的第一个特征是按需自助服务。按需自助服务就像吃自助餐，想吃什么，想吃多少，不需要与服务员互动，完全是用户的自主行为。同样，在使用云计算服务的过程中，用户也可以按需配置云服务器的处理能力，根据自己的需求使用云计算资源，用户可以对资源的使用情况进行规划，如需要多少计算和存储资源、如何管理和部署这些服务，而不需要与服务提供者进行人工交互，只需要一个自助服务的界面即可。自助服务界面应该易于使用，能够对所提供的服务进行有效管理。这种易于使用、无须交互的方式能够使用户和云服务提供商提高工作效率并节约成本。

2．统一的网络接入

云计算的第二个特征是统一的网络接入。云服务具备通过多种客户端式平台（如智能手机、笔记本电脑、PDA、iPad 等）从网络进行访问的能力。因为服务运行在云端，访问服务的通道是网络，所以无论何时、何地，只要有一个简单的终端，并且该终端能够访问网络，就可以使用云服务。用户不再受时间、空间的限制，在家可以办公，在旅途中也可以开发设计产品，也不用担心系统故障或者因便携设备的电池耗尽而丢失资料，因为用户的资料保存在云端。

3．与位置无关的资源池

云计算的第三个特征是提供了与位置无关的资源池。云计算拥有一个大规模的、灵活动态的资源池，其采用多租户的模式为所有消费者服务，用以实现规模经济效益，并满足服务级别需求。应用程序执行时不但需要资源，而且要求这些资源必须能被有效分配以完成性能的优化，这些资源包括处理器、内存、外存、网络带宽、虚拟机等。资源可以在物理上分布于多个位置，当需要计算时再作为虚拟组件进行分配，消费者不知道也不控制资源的具体位置。美国国家标准与技术研究院（National Institute of Standards and Technology，NIST）指出：云计算的资源与位置无关，客户通常无法控制或了解所提供的资源的具体位置，但可以在一个较高的抽象层次指定资源的位置，如某个国家、某个区域或者某个数据中心。其实，对于用户来说，不必关心自己使用的资源在哪个数据中心、哪台服务器，只要服务能够满足用户在安全性、便捷程度和时延方面的要求就足够了。

4.　快速弹性

云计算的第四个特征是快速弹性。快速弹性是指云计算能够被快速地、弹性地配置，以实现快速的伸缩和释放。这种能力使得资源在消费者看来仿佛是无限的，能够在任何时间购买任何数量的资源。

现实中数据中心服务器的利用率仅有 5%～20%，这是因为许多服务的峰值负载是平均负载的 2～10 倍。为了避免在峰值负载下无法提供正常的服务，很少有用户部署性能低于峰值需求的云计算系统，这就必然导致了非峰值时间的系统资源的浪费。负载的波动性越强，导致的浪费就越多。

假设对服务资源的需求是可以预测的，如在中午会达到峰值，需要 500 台服务器，但在午夜只需要 100 台服务器。假设一天平均使用率为 300 台服务器，则每天实际需要的计算资源总量为 300×24=7200 个服务器小时。但由于必须满足高峰时间的 500 台服务器的需求，所以就要为 500×24=12000 个服务器小时的计算资源而买单，由此导致总开支是实际需求的 1.7 倍。如果使用即买即用的云计算服务，3 年（这也是一般服务器的使用周期）的累积成本仅为购买物理服务器的 60%。由此可见，通过效用计算使用资源可以显著节约开支。

事实上，上面的例子仅反映了云计算弹性优势的一个方面。除了每天不同时段服务负载不同，大多数服务还有季节性或其他周期性的负载需求变化（如电子商务网站在"双十一"前的销售高峰，或者照片处理网站在假期后的处理高峰等）。此外，还有一些突发事件（如重大新闻）导致的处理需求的变化。由于至少需要几个星期才能为这些需求准备新的设备，所以唯一的快速解决方法是预先进行部署。由前面的分析可知，即使能够正确预测峰值需求，也会导致资源的浪费；如果预测错了，浪费会更严重。在实际应用中，还可能因为低估峰值的性能需求而导致超出负载能力的用户选择离开。在资源过剩的情况下，对于资金的影响很容易计算；而在资源不足的情况下则相对难以进行衡量，但问题同样很严重，这不仅是因为会导致部分用户离开从而无法盈利，更可能导致客户出于对服务质量的不满而不再使用服务。当 Animoto（爱美刻，一个视频制作网站）通过 Facebook（脸书，美国的一个社交网络服务网站）使其服务上线时，3 天内其服务所需的资源量便从 50 台服务器激增到 3000 台服务器。即便每台服务器的平均使用率很低，但也没有人可以预测到 3 天内每 12 小时资源需求量便会翻一番。在传统服务模式下，3 天实现 50 台服务器到 3000 台服务器的扩容是不可能实现的。因此，在这个真实的案例中，可向上扩展的弹性不是成本的优化，而是运营的需求；而向下收缩的弹性则意味着当负载稳定时，有与之相对应的稳定的支出。不止是初创公司，伸缩性或者弹性对一些老牌公司同样重要。例如，美国第二大零售商 Target 对其网站 Target.com 使用了 AWS。当其他零售商服务器都在"黑色星期五"发生严重的性能问题或间歇性的不可使用问题时，Target 和 Amazon 的网站只是速度比平时慢了 50%。这个例子足以说明伸缩性是云计算的重要优势，因为错误估计负载的风险从服务运营商转移到了云提供商。

5.　按使用付费

云计算的第五个特征是按使用付费，这是公有云的特征。每个人都可以以付费的方式使用公有云的资源。云计算的计费方式非常灵活，如根据存储、带宽、计算资源的消费量，或者每个月活动用户的账户数来进行计费。而仅为企业内部员工提供云计算服务的私有云，往往是不需要收费的。

2.3　云计算服务模式

随着云计算的发展，其服务模式越来越多，但是 IaaS、PaaS、SaaS 仍是业界普遍接受的最基本的 3 种服务模式。这 3 种云计算服务模式如图 2-1 所示。其中，IaaS 提供了用户直接访问的底层计算资源、存储资源、网络资源的能力；PaaS 提供了软件业务运行的环境；SaaS 将软件以服务的形式提供给用户使用。

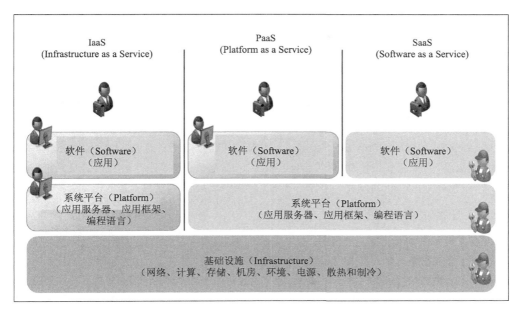

图 2-1　云计算服务模式

2.3.1　IaaS

IaaS 是指将 IT 基础设施（包括服务器、存储设备和网络等硬件资源）作为一种服务通过网络对外提供。在这种服务模式中，用户不需要自己构建一个数据中心，可以通过租用的方式来使用基础设施服务。在使用模式上，IaaS 与传统的主机托管有相似之处，但是在服务的灵活性、扩展性和成本等方面，IaaS 具有更大的优势。用户无须购买硬件，只需通过网络申请服务即可搭建自己的系统环境。这种服务模式相当于将IT 基础设施当作日常生活中的水和电一样以服务的形式集中供应给用户，并按照服务内容和实际使用量进行计费。由于要保证资源能够动态分配和定制资源的分配粒度，因此 IaaS 平台的实现一般需要使用各种虚拟化技术，如计算虚拟化、存储虚拟化和网络虚拟化技术。IaaS 的典型产品除了亚马逊的 EC2、阿里云的云服务器外，还有华为公有云提供的弹性云服务器（Elastic Cloud Server，ECS）、云硬盘、虚拟私有云（Virtual Private Cloud，VPC）等。

2.3.2　PaaS

PaaS 是指将一个完整的应用程序运行平台作为一种服务提供给客户。在这种服务模式中，客户不需要购买底层硬件和平台软件，只需要利用 PaaS 平台，就能够创建、测试和部署应用程序。为了便于理解 PaaS 服务模型，可以将它看作一个基于云计算的操作系统，开发人员可以针对这个新的云操作系统开发应用程序。最容易理解的一个 PaaS 产品是软件开发平台，如 Python 语言的开发环境。软件开发人员无须浪费精力去维护这个环境，可以直接专注于应用程序的开发。PaaS 不仅自身拥有良好的市场应用前景，还能够推进 SaaS 并与其共同发展。对于想进入 SaaS 领域的服务提供商而言，PaaS 的存在降低了开发和提供 SaaS 服务的门槛，并提高了开发产品的效率。常见的 PaaS 应用有 Windows Azure、Google App Engine、华为的研发云平台等，华为的 FusionStage 也是在大规模、高可靠性云服务和大量高性能互联网应用的联合驱动下产生的集软件开发、集成、管理和运维为一体的新一代 PaSS 应用平台。另外，华为公有云的云容器引擎（Cloud Container Engine，CCE）也是典型的应用实例。

2.3.3 SaaS

SaaS 是用户获取软件服务的一种模式，也是目前最为常见并且使用最多的一种云计算服务模式。用户不需要将软件产品安装在自己的计算机或服务器上，而是按某种服务水平协议（Service Level Agreement，SLA），直接通过网络从云计算服务提供商那里获取自己所需要的、带有相应软件功能的服务。从本质上讲，SaaS 就是云计算服务提供商为满足用户的某种特定需求而提供其消费软件的计算能力。SaaS 实际上是一个比云计算更早出现的概念，在业界称其为 SaaS 之前，还有一个与之关系密切的概念称为应用服务提供商（Application Service Provider，ASP），但是现在已统归为云计算的一种服务模式。当前，SaaS 有多种典型的应用，如在线邮件服务、网络会议、在线杀毒等各种工具型服务；在线 CRM 系统、在线企业资源规划（Enterprise Resource Planning，ERP）、在线进销存、在线项目管理等各种管理型服务。

2.3.4 3 种服务模式的比较

为了更好地理解 3 种云计算服务模式，以及它们之间的区别，在此借用互联网上的一个非常形象的例子来进行说明。如果想吃比萨，那么做出比萨的方式有以下 3 种。

第一种方式：假设自己会做比萨，而且家里也有做比萨的厨具，那么可以去超市买一些面粉、肉类、蔬菜、水果等食材，回家自己做。超市提供基本的原材料，这些原材料不但可以做比萨，还可以做包子，做什么完全由自己做主。在这种方式中，超市提供的服务就是 IaaS 服务。

第二种方式：假设自己会做比萨，但是家里没有烹饪工具，而一些比萨店提供自己动手做（Do It Yourself，DIY）服务，比萨店提供原材料和烹饪工具，客户可以根据自己的喜好、口味做出独一无二的比萨。比萨店提供了一个平台，或者说一个环境，利用这个平台，客户可以制作自己想要的产品。在这种方式中，比萨店提供的服务就是 PaaS 服务。

第三种方式：假设自己不会做比萨，家里也没有烹饪工具，那么完全可以去比萨店买现成的比萨来吃。此时，比萨店提供的是一个完整的产品，即买来就可以吃的比萨。在这种方式中，比萨店提供的服务就是 SaaS 服务。

结合上面的例子和图 2-1，对云计算的 3 种服务模式及其关系总结如下。

（1）IaaS 仅向用户提供计算、存储和网络资源，用户能够利用这些资源部署和运行任意软件，包括操作系统和应用程序。用户不管理或控制任何云计算基础设施，但能控制操作系统的选择、储存空间和部署的应用。

（2）PaaS 提供底层硬件资源和软件业务平台，用户仍需自己开发相关应用。PaaS 面向应用开发者和维护者，为其提供软件开发、部署和运行时管理、监控、故障恢复等服务。

（3）SaaS 提供包括基础设施、软件平台和应用的全套服务，用户只需使用服务。

（4）SaaS 是基于 PaaS 的，而 PaaS 又是基于 IaaS 的。

2.4 云计算部署模式

云计算的部署模式有 4 种，分别是公有云、私有云、混合云和社区云，图 2-2 所示为私有云、公有云和混合云部署示意图。

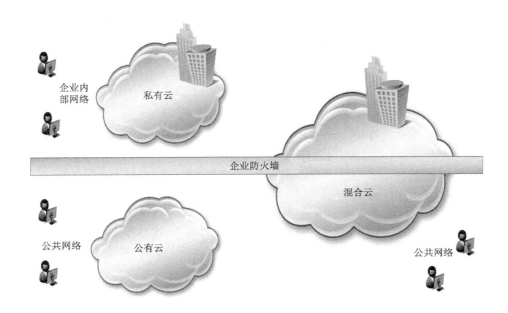

图 2-2　私有云、公有云和混合云部署示意图

2.4.1　公有云

公有云的服务提供商拥有云计算基础设施，并且为公众或者企业用户提供云计算服务。由于公有云的服务对象没有特定限制，它为所有外部客户提供服务，因此有时也被称为外部云。当然，服务提供商自己也可以作为一个用户来使用公有云，例如，微软公司内部的一些 IT 系统也在其对外提供的 Windows Azure 平台上运行。对于使用者而言，公有云的最大优点是其所有的应用程序及相关数据都存放在公有云的平台上，无须前期的大量投资和漫长的建设过程。公有云目前最大的问题是应用和数据不存储在用户自己的数据中心中，因此用户对其安全、隐私等方面的问题存在一定的担心。尤其是大型企业和政府部门，他们对这方面的要求会更高。另外，公有云的可用性不受使用者控制，因此可用性方面也存在一定的不确定性。公有云的推广一方面需要从技术和法律法规等方面逐步完善所提供的服务，另一方面也需要用户观念和意识的转变。就如同银行刚出现的时候，有人对于将钱存放在银行里存在诸多疑虑。但后来的事实证明，只要技术足够先进，法律法规足够完善，这种担忧完全是多余的。

全球云计算市场规模总体呈稳定增长态势。据中国信息通信研究院的数据显示，2018 年，IaaS、PaaS 和 SaaS 服务模式的全球公有云市场规模已达 1363 亿美元，年平均增长率高达 23.01%。预计未来几年市场年平均增长率仍维持在 20% 左右，到 2022 年，市场规模将达到 2700 亿美元。

IaaS 市场保持快速增长，计算类服务为 IaaS 最主要的类型。2018 年，全球 IaaS 市场规模已达 325 亿美元，年平均增长率为 28.36%。预计在未来几年，IaaS 市场的年平均增长率仍将超过 26%，到 2022 年，其市场份额将增长到 815 亿美元。

PaaS 市场增长稳定，数据库服务需求增长较快。2018 年，全球 PaaS 市场规模已达 167 亿美元，年平均增长率为 22.79%，预计未来几年的年复合增长率仍将保持在 20% 以上。其中，应用基础架构和中间件服务将占据近一半的市场份额。虽然数据库服务的市场占比相对较低，但随着大数据应用的发展，分布式数据库需求明显增加，且服务呈现多样化的趋势，预计未来几年将保持高速增长（年复合增长率超过 30%），到 2022 年，市场规模将超过 121 亿美元。

SaaS 市场增长放缓，CRM、ERP、办公套件仍是 SaaS 的主要服务类型。2018 年，全球 SaaS 市场规模已达 871 亿美元，年平均增长率为 21.14%，预计 2022 年平均增长率将降低至 13% 左右。其中，CRM、ERP、办公套件占据 SaaS 市场份额的 75%。内容服务、商务智能应用、项目组合管理等服务虽然规模较小，但是增长很快，尤其是内容服务，2017 年的年增长率达到了 53%，未来几年的年复合增长率也将超过 30%。

2018 年，我国云计算整体市场规模达到了 962.8 亿元，年增长率为 39.2%。其中，公有云市场规模达到了 437 亿元，相比 2017 年增长了 65.2%，预计 2019~2022 年仍然处于高速增长阶段，到 2022 年，其市场规模将达到 1731 亿元；私有云市场规模达到了 525 亿元，较 2017 年增长了 23.1%，预计未来几年将保持稳定增长，到 2022 年，其市场规模将达到 1172 亿元。

近几年，云计算巨头厂商在不断地扩大自己的领先优势。由于公有云不仅需要大规模的资金、技术、管理与服务投入，还对技术门槛和成熟度的要求比较高，所以经过几年的发展，IaaS 的市场壁垒已逐渐形成。因此，后来者很难以技术革新的方式形成突破，几大巨头云服务商的优势明显，整体格局难以动摇。2018 年上半年中国市场中公有云提供商的市场份额占比如图 2-3 所示（图中数据因四舍五入存在误差）。

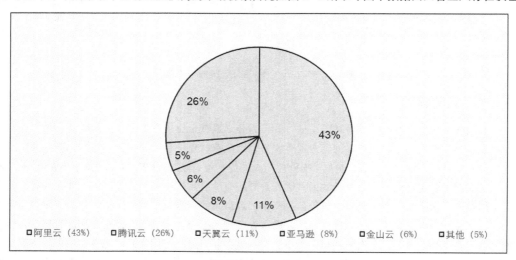

图 2-3 2018 年上半年中国市场中公有云提供商的市场份额占比

2.4.2 私有云

私有云是指由某个组织机构在其内部建设和运营，且专供该机构自己使用的云平台。由于私有云的特点是其服务不对外提供，而是仅供机构内部人员或分支机构使用，因此有时也被称为内部云。对于那些已经有大量数据中心，或者由于各种原因暂时不会采用第三方云计算服务的机构，私有云是一个比较好的选择。此外，私有云也比较适用于有众多分支机构的大型企业或政府部门。随着这些大型数据中心的集中化，私有云终将会成为他们部署 IT 系统的主流模式。

不同于公有云，私有云部署在企业内部，因此它的优势是数据安全性、系统可用性等都可由企业自己控制；缺点是依然需要大量的前期投资，即它仍采用传统的商业模式。另外，它的规模相对于公有云来说一般要小得多，规模效应无法充分发挥出来。私有云实际上是企业应用云计算相关技术来提高自身信息服务效率的一种方式。电信云也属于私有云。

注意，虽然私有云不对外提供服务，但私有云平台的建设和运维可以委托给其他机构来完成。

2.4.3　社区云

社区云的云计算基础设施由多个有着相同的需求或利益的组织所共享，并为这些组织提供特定的应用功能和工具。社区云可以按行业进行划分，如医疗云、教育云、金融云、生产制造云、物流云、建筑云等。这类云通过在云平台上部署特定行业的应用，可以更好地为某一行业内的多个机构提供服务，因此社区云也被称为行业云。社区云也可以按区域位置进行划分，例如，某个区域工业云是为该工业集聚区内所有中小型企业提供云服务（主要是工业 SaaS、工业物联网等）的工业云平台。

2.4.4　混合云

混合云的云计算基础设施由上述云计算部署模式中的两种或者多种组合而成，对外仍然表现为一个整体。混合云与其说是一种云计算的部署方式，不如说是一种用户使用云计算服务的方式。用户在使用混合云的云计算服务时，往往既使用了公有云的服务，也使用了私有云的服务，这些云通过统一的管理和接口向用户提供一致的服务。例如，一个组织既使用了亚马逊的公有云弹性计算服务，又可将一些核心数据存储在基于自己数据中心的私有云平台上。当然，在使用混合云的情况下，用户可能需要解决不同云平台之间的集成问题。

中国信息通信研究院的调查显示，2017 年我国企业采用混合云的比例为 12.1%，预计未来几年国内混合云的应用比例将大幅提升。国际数据公司（International Data Corporation，IDC）预测，未来全球混合云将占据整个云计算市场份额的 67%。可见，混合云部署模式将被越来越多的企业所采用。

2.5　云计算的价值

随着云计算技术在各行各业得到日新月异的发展与突破，云计算的应用与价值挖掘已渗透到企业 IT 的方方面面，下面将介绍云计算的优势。

2.5.1　高资源利用率

企业按照传统方式进行 IT 建设是按照"烟囱式"的方式来进行的。当企业需要上线一个新的业务时，首先需要采购设备以搭建底层的硬件平台，然后在此基础上安装操作系统，有时还需要安装中间件和数据库，最后要安装顶层的 CRM、ERP 等各类关键业务软件。这种自下而上的过程就像竖立一根根烟囱，如图 2-4 中左半部分所示。

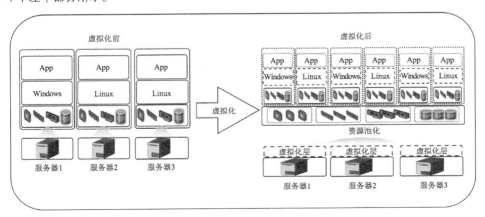

图 2-4　虚拟化前后云计算资源分配方式

在"烟囱式"部署方式中，应用软件与硬件强绑定，应用软件、数据库及中间件均独占计算、存储和网络资源。因此，IT 部门进行基础设施建设时往往要按照远高于实际需求的某个上限来进行预算申请和采购，以避免峰值负载情况下硬件不够用的情况发生。由于峰值负载情况并不常见，因此负载高峰期过后大量资源处于闲置状态，必然会导致大多数时间资源利用率处于一个较低的水平。此外，由于这些"烟囱"之间互相独立，硬件资源无法根据业务需求的变化而动态调整，因此虽然少数对性能要求较高的应用会因底层硬件资源不足而无法正常运行或者服务质量下降，但也无法利用其他处于轻负载状态下的闲置硬件资源。

针对传统架构的资源分配僵化问题，云计算通过虚拟化技术，将原先多个独立的中央处理器（Central Processing Unit，CPU）、存储器、网络等物理资源虚拟化成逻辑资源（也被称为虚拟资源），并将这些资源汇集到一起形成计算资源池、存储资源池和网络资源池。最后，统一对资源池中的虚拟资源进行按需组合与分配。采用虚拟化技术后的云计算资源分配方式如图 2-4 右半部分所示。

云计算打破了机箱的物理限制，资源不再以单台设备为单位，而是利用虚拟化技术实现软硬件的解耦，将底层物理资源池化，抽象成逻辑资源池，根据不同应用的需求向上层应用提供适量的资源。同时，云计算还可以在不同应用之间高效、动态地调配计算、存储和网络资源，实现资源的弹性分配，既避免了用户资源的短缺，也避免了资源的闲置。总之，借助虚拟化技术，云计算显著提高了各类物理资源的利用率。

2.5.2 高可靠性

云计算服务提供商的数据中心一般都具有较好的硬件设备和相应的保障设施，如拥有专业机房并安装备用电源，在不同物理位置部署一个或多个备份机房等。另外，服务提供商的技术团队更加专业和完备，无论是在软、硬件发生故障的概率方面，还是在发生自然或人为灾害后系统的恢复时间和数据的可恢复性等方面，云服务提供商的数据中心都远远优于只维护单一普通机房的用户自建数据中心。

虽然个人或者企业都希望得到最高的可靠性保障，但 IT 基础设施的高可靠性往往是建立在大量资金投入的基础之上的，大多数中小企业或个人都无法承担如此巨大的投资。云计算为那些没有能力建设高等级灾备设施的用户提供了一个很好的选择。用户在购买云计算服务后，就能享受云计算服务供应商的高等级机房和完善备份机制所带来的高可靠性，不必再担心关键数据丢失和业务应用程序无法运行。系统的可靠性和数据的安全性等问题由云计算数据中心统一解决。

2.5.3 高运维效率

为了实现数据中心大规模计算，使存储集群和多层网络交换设备的维护效率最优化，云管理操作支撑系统（Operation Support Systems，OSS）还可以最大限度地实现智能化管理，实现系统在故障状态下对数据中心内部服务器、网络及存储资源垂直整合的融合架构，这种一站式交付将大大降低硬件安装和维护的复杂度。基于全网资源统一管理的云计算架构如图 2-5 所示。

在传统数据中心中，工程师分配资源的操作 80%是以手工方式完成的，人均可维护服务器数量小于 100 台，人力维护费占运营成本的 12%。而在谷歌数据中心中，一位硬件维护工程师能够维护 3000 台以上的服务器，在自动化程度更高的数据中心，甚至有无人值守机房，由机器人来完成硬件维护，所有的数据配置、业务下发均通过远程维护来完成。自动化、智能化、可视化也是云数据中心运维的核心。

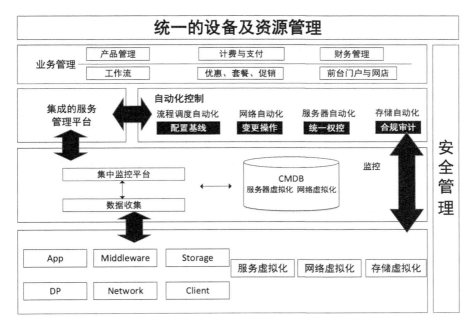

图 2-5 基于全网资源统一管理的云计算架构

2.5.4 快速部署和弹性扩容

在传统的"烟囱式"IT 架构中，企业任何一项新业务的上线，从最基础的硬件平台开始，向上逐层延伸至操作系统、中间件、数据库，直到顶层的业务软件，均需要企业自己的 IT 专业团队来进行硬件、软件、网络的安装、配置、调试、功能与性能验证测试，还要经过若干轮故障定位、性能稳定性测试、重配置和调整，之后才能达到正式上线运行所期望的成熟度水准。这个过程一般需要 3~6 个月的时间。除了业务部署时间长，业务相关的动态调整同样无法在短期内实现。当特定行业出现突发性的高流量、高密度的业务需求（如视频网站在节假日期间访问量突发性的剧增）时，企业内部物理基础设施资源根本无法在短时间内调整至满足应用需求的状态。

在云平台的加持下，互联网企业可以实现新业务从立项到上线的整个周期时长不超过 2 周，最短甚至不到 2 天。相比传统企业（特别是大型企业）那种少则 3~6 个月，多则数年的项目规划速度而言，以云计算的方式部署新业务的敏捷度提升了数倍乃至数百倍。当传统企业还在研究要不要推出一项互联网业务的时候，互联网企业早已推出该项业务占领市场，并已获得丰厚的利润。

云计算不但可以加快新业务的部署速度，而且支持业务的灵活变化，以及因业务的变更而产生的资源弹性伸缩。云计算业务的动态变化有多种原因。首先，云计算服务提供商通常将其服务以模块化的方式对外提供，用户可以根据自己的需求选取各种不同类型的服务进行自由组合。其次，原有业务的规模可能会因用户数量的变化或者企业策略的改变而进行伸缩，例如，当用户数量增加时，业务就需要进行扩容。无论哪种原因，业务发生变化时，所需 IT 资源（包括计算资源、存储资源和网络资源）的数量也会发生相应的改变。云计算能够使用户获得的资源数量随着业务需求的增长/减少而增长/减少。这种资源分配的可伸缩性不但可以使企业能够更加灵活地进行预算分配和调整，还能够使基于云计算的业务更易于实现弹性扩容。

2.5.5　低成本

在业务系统搭建过程中，云计算使得企业及运营商的软件应用可以突破应用边界的束缚，充分共享企业范围内、行业范围内甚至全球范围内公用的"IT 资源池"，用户无须采购和安装一整套实际物理形态的服务器、交换机及存储硬件，只需要向集中的"IT 资源池"动态申请所需的虚拟 IT 资源（或资源集合），即可完成相关应用的自动化安装部署。这种模式不但可以减少搭建支撑自身核心业务的 IT 系统时的人力和资源投入，还降低了系统的建设成本。举个典型的例子，对于涉及海量数据处理及科学计算的特殊行业，以往要花费数月甚至更多的时间来购买、安装和配置价格昂贵的小型机、大型机甚至巨型机，以及高端存储阵列，才能完成复杂的计算与分析任务。但现在只需要利用云计算数据中心的通用服务器集群所提供的高性能云计算服务，便可以以更低的成本和更短的时间来完成原先的任务。

在业务的运行过程中，云计算遵循节能减排及资源利用率最大化原则，实现资源的智能化动态调度，以完成既定的业务处理或计算任务，并在特定业务处理或计算任务完成后即时释放相关的 IT 资源，供其他企业、行业使用，从而降低了业务的运营维护成本。此外，由于云计算服务提供商拥有一支经验丰富的专家队伍，可以为众多使用云计算服务的客户提供更加专业的技术支持，这样就分摊了每个用户的人力资源成本。因此，普通企业可以缩减（甚至无须维持）自己的技术团队。

总之，云计算能同时降低 IT 系统的建设成本和运维成本，从而使企业能够以更低的总体拥有成本（Total Cost of Ownership，TCO）来获取更好的服务。

2.6　5G 环境中的云计算

在 5G 网络中云计算技术随处可见，如无线接入网络中的无线云接入网络（Cloud Radio Access Network，CloudRAN）、承载网中的软件定义网络、核心网中的网络功能虚拟化都基于云计算技术。此外，华为 5G 核心网解决方案更是以 Cloud Native 为设计理念。下面将介绍 Cloud Native 的基本概念和应用。

2.6.1　Cloud Native 简介

V2-2 Cloud Native

5G 时代，Cloud Native 是最常听见的概念之一。但是，究竟什么是 Cloud Native 呢？

Cloud Native 是马特·斯廷（Matt Stine）提出的一个概念，它是一个思想的集合，包括开发和运营（Development&Operations，DevOps）、持续交付（Continuous Delivery，CD）、微服务（MicroServices）、敏捷基础设施（Agile Infrastructure）、康威定律（Conway's Law）等，以及根据商业能力对公司进行重组。Cloud Native 既包含技术（微服务、敏捷基础设施），也包含管理（DevOps、持续交付、康威定律、重组等），是一系列云技术、企业管理方法的集合。

DevOps：一组过程、方法与系统的统称，用于促进开发（应用程序/软件工程）、运维和质量保障部门之间的沟通、协作与整合。它的出现是由于软件行业日益清晰地认识到：为了按时交付软件产品和服务，开发和运维必须紧密合作。

持续交付：一系列的开发实践方法，用于使代码能够快速、安全地部署到产品环境中，它将每一次改动都提交到一个模拟产品环境中，通过严格的自动化测试，确保业务应用和服务能符合预期。因为将每个变更自动提交到测试环境中，所以当业务开发完成时，只需要按一次按钮就能将应用安全部署到产品环境中。持续交付可以采用持续集成（Continuous Integration，CI）、代码检查、单元测试（Unit Testing，UT）、持续部署等方式，打通开发、测试、生产的各个环节，持续地、增量地交付产品。

康威定律：业务云化，从某种意义上讲也是一种变革。既然是变革，必然会涉及组织的各个层面，开发、质量、运维等都会涉及。康威定律准确描述了系统架构和组织的关系——组织决定系统架构。云系统如何部署、使用，完全由企业的组织结构所决定，是组织内部、组织之间沟通的结果。要想得到一个合理的云架构，仅从技术入手是不够的，还需要从组织架构入手，才会真正有效。

敏捷基础设施：提供弹性的、按需分配的计算、存储和网络资源。可以通过 OpenStack（常用的一种开源云操作系统）、KVM（Kernel-based Virtual Machine，基于内核虚拟机，一种开源的计算虚拟化技术）、Ceph（一个开源的分布式块、对象和文件存储软件平台，是当前最为热门的分布式存储软件之一）、OvS（Open vSwitch，开源虚拟交换机，一种开源网络虚拟化技术）等技术手段实现。

微服务：首先，微服务是一个服务，其次，该服务的粒度比较小。微服务可以采用 Docker（一种开源的容器技术，基于 LXC 技术）、Linux 容器（Linux Containers，LXC）等技术手段实现。

Cloud Native 的技术部分是建立在传统 Cloud 的 3 层（IaaS、PaaS、SaaS）概念之上的，敏捷基础设施对应 IaaS 部分，微服务对应 PaaS 和 SaaS 部分。虽然 Cloud Native 比传统 Cloud 多了一些企业管理方法，并且在技术上更强调敏捷基础设施和微服务的概念，但是这并不意味着它是抛开 IaaS、PaaS、SaaS 而另起炉灶的。

图 2-6 描述了 Cloud Native 的 3 个关键特征：架构、工程、组织。

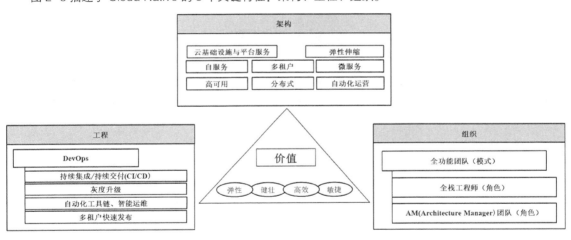

图 2-6　Cloud Native 的 3 个关键特征

1．架构特征

（1）（微）服务架构：系统由（微）服务构成，（微）服务之间只能通过接口进行交互，（微）服务独立开发、测试、发布、部署和升级。

（2）弹性伸缩：（微）服务采用无状态设计，支持按需使用、自动水平伸缩；实例快速启动，并在不影响业务的前提下终止。

（3）分布式：业务逻辑与数据解耦，应用分布式，数据分布式，支持跨可用区的部署与调度。

（4）高可用：基于不可靠的资源设计高可用系统，应用中任意（微）服务实例失效，系统能够快速发现、隔离并自动恢复实例；云基础设施和平台服务发生任意单点故障不影响系统的整体可用性。

（5）自动化运维：系统能够自动化部署、升级、扩容或缩容，支持自动化监控、告警、故障定界定位和故障自愈。

（6）自服务：服务可被其他应用或开发者自助发现，自助按需获取，自助使用并计量，自助服务管理。

（7）多租户：系统支持多租户，租户只能访问、操作自己的资源，租户间实现功能隔离、运行态资源隔离和数据安全，租户之间不能相互感知。

（8）云基础设施与平台服务：应用必须通过服务接口充分使用云基础设施和平台服务（IaaS/PaaS），基于 IaaS/PaaS 动态分配资源，支持资源池化，适应异构云基础设施。

2. 工程特征

Cloud Native 采用 DevOps 模式，微服务独立并行开发、测试，经过生产环境验证，实现灰度发布（业务的新特性平滑过渡，选择部分用户（如优质用户）对新特性进行试用，在其试用成功的基础上才会正式上线，以此保证服务质量。从运维角度来讲，为了降低升级过程中的风险，可以采用分批次的升级方式）和频繁快速上线，使用自动化工具链进行运维，并持续反馈与演进。

3. 组织特征

（1）全功能团队：能够对特性、部件或者架构进行设计、开发、测试并独立交付的基层组织。

（2）架构管理者（Architecture Manager，AM）：由架构设计、架构实现、架构验证人员组成的完整团队，能够交付架构框架代码。

（3）全栈工程师：能够独立完成特性或者模块的端到端交付的复合型人才，其工作包括需求分析、设计、实现、测试，乃至特性的发布和维护。

2.6.2 基于 Cloud Native 建设 5G 的必要性

5G 未来将渗透到社会的方方面面，为不同用户和场景提供灵活多变的业务体验，最终实现图 2-7 所示的"信息随心至，万物触手及"的 5G 总体愿景，开启一个万物互联的新时代。

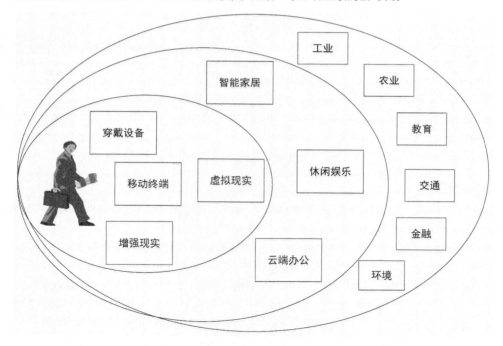

图 2-7　5G 总体愿景

此外，相较于传统的电信业务，新业务要求网络侧具备快速上线功能，以实现不同行业业务诉求的快速响应。灵活、多样化的业务场景和极短的业务上线时间（Time To Market，TTM），5G 的这些业务特点与 IT 互联网高度相似；而 IT 行业架构随着多年的业务打磨，已经非常敏捷和灵活。因此，5G 需要借鉴 IT 的 Cloud Native 设计和实现理念，吸纳 IT 行业的优秀成果，来迎接 5G 新业务带来的挑战。

从实际业务来看，5G 需要面向多业务，提供更灵活的业务保障（包括资源需求及功能需求），Cloud Native 从资源使用角度来看，业务的部署模式既支持资源粒度较粗的虚拟机模式，也支持资源粒度较细的容器模式，在资源上保障上非常灵活。

从产品实现来看，通用资源（如数据库（DataBase，DB）、负载均衡器（Load Balancer，LB）、微服务）可以根据功能需要进行灵活组装。

对于业务层（如鉴权、接入控制、服务质量（Quality of Service，QoS）保障）如何按照业务需求灵活组装，5G 标准组织 3GPP 已经进行了定义。业务的灵活性加上实现的灵活性，组合起来才能为业务提供按需的灵活性。

华为通过引入 Cloud Native，从网络功能虚拟化到网络功能云化（Network Function Cloudification，NFC），最大化释放 NFV 潜能，从网元架构、网络架构、敏捷开发部署与运维 3 个方面，构建以"弹性""健壮""高效""敏捷"为核心特征的电信云化网络，为 5G 演进铺平道路。

（1）弹性：可以在数据中心（Data Center，DC）内部按照业务需要动态扩缩容，也可以按照业务体验，跨 DC 动态按需部署，确保业务体验。

（2）健壮：多点故障容灾，故障主动发现、自动隔离和自愈，在"99.9%"基础设施上构建"99.999%"的业务可靠性。

（3）高效：All-active（全活）设计减少资源冗余，全自动化快速完成业务的集成、部署、配置和运维。

（4）敏捷：基于模块化设计的服务化架构，支持"乐高"式业务组装生成，灰度发布，可面向市场快速满足特定场景业务的需求，快速实现新业务创新。

基于 Cloud Native 的电信云化网络，能够轻松实现秒级的网络扩缩容、分钟级的新业务快速上线、极致业务体验的保证和成倍的运营效率提升。

2.6.3　Cloud Native 在 5G 领域的应用

通过以上章节的学习，读者已经了解了 5G 网络业务对 Cloud Native 的需求，下面将介绍 Cloud Native 在 5G 网络中是如何应用的。

1. 无状态设计

业务处理、数据存储、数据转发完全解耦。Cloud Native 将业务处理单元和存储单元进行分离，计算单元不再保存用户状态信息，只负责对到达的信令进行处理。而在业务处理单元前端，需要有负责业务报文分发和数据面消息转发的负载均衡组件，即分布式负载均衡器。分布式负载均衡器、业务处理单元及分布式数据库共同形成了三层云化的虚拟网络功能实体（Virtualized Network Functions，VNF），如图 2-8 所示。VNF 即虚拟化网元，是具有独立业务处理能力的网络实体。在云化之前，传统网元也是由数据转发单元（负载均衡器）、业务处理单元和数据存储单元（分布式数据库）组成的一个独立的整体，是单体架构，为了保证业务的高可靠性，网元及网元的功能单元都要主备部署，因此成本高，资源利用率低。

三层云化的架构保证了单个业务处理单元出现故障后，业务消息被负载均衡器分发到其他正常状态的业务处理单元，新的业务处理单元与后台数据库交互获得用户状态数据后，仍然可以正常处理用户的业务消息。新扩容的业务处理单元与后台数据库交互获得用户状态数据，也能够处理任何处在初始态或者中间态用户的业务消息。如图 2-8 所示，所有的业务处理单元组成一个资源池，通过负载均衡的工作方式共同处理业务，如果业务处理单元 2 出现故障，其他正常的业务处理单元会接管业务处理单元 2 正在处理的任务 1。例如，业务处理单元 3 接管任务 1，此时会向 DB1 获取任务 1 数据，业务处理单元 2 因为故障会被隔离，负载均衡器会根据转发策略把后续的任务 1 数据转发到业务处理单元 3 中进行处理，产生的新数据会保存到 DB1 中，以保证业务不中断。

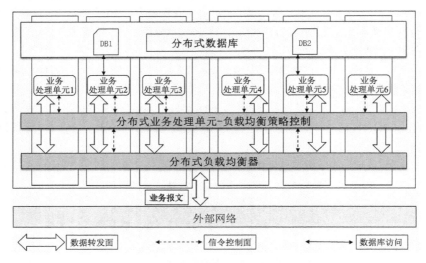

图 2-8　三层架构设计

2. 微服务化解耦

将单体式应用架构的 5G 核心网业务逻辑部分拆解为多个独立的模块，通过微服务架构实现业务功能，使各个模块之间彼此弱耦合，基于开放应用程序接口（Application Programming Interface，API），以服务化方式通信。由服务治理框架进行管理（服务模块注册、发现、编排管理），通过服务化模块的灵活组合、独立升级，支持新业务快速上线。

图 2-9 所示为 3GPP 标准定义的 5G 核心网架构。产品软件的服务化架构具有更敏捷的扩展能力；从点对点确定性通信，到服务化注册、发现、分配全互连通信，方便扩展；从多样性通信接口设计到标准的通用轻量接口设计，方便相互连通，"乐高"式服务组合，更适合面向 5G 灵活多变的业务。

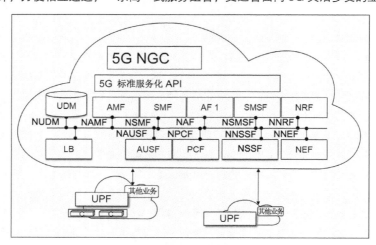

图 2-9　3GPP 标准定义的 5G 核心网架构

5G 网络实现了控制面和用户面的分离，控制面是指控制信令的分发和处理，负责建立和管理分发业务数据的通道，图 2-9 中上方的各个功能模块实现 5G 业务控制信令的分发和处理，实现用户 5G 业务通道的建立和维护；用户面是指承载层，主要负责分发用户的业务数据，图 2-9 中下方的功能模块 UPF 实现 5G 用户业务数据分发。控制面功能一般集中部署在核心数据中心中，如省数据中心。核心数据中心与边缘数据中心之间通过高速光纤连接，控制面和用户面、5G 核心网和无线侧之间就是通过这些光纤通信的。

图 2-9 上方是控制面，通过微服务化的功能实体（Network Function，NF）实现业务，如 AMF、SMF、AF、UDM、NRF、AUSF、PCF、NEF、UPF、SMSF、NSSF。NF 借鉴 IT 系统服务化/微服务化架构的成功经验，通过模块化实现网络功能间的解耦和整合，解耦后的网络功能可独立扩容、独立演进、按需部署。控制面所有 NF 摒弃了传统的点对点的通信方式，采用了基于服务的接口（Service Based Interface，SBI）协议，传输层统一采用了超文本传输协议（Hypertext Transfer Protocol，HTTP），同一种服务可以被多种 NF 调用，从而降低了 NF 之间接口定义的耦合度，最终实现整网功能的按需定制，以灵活支持不同的业务场景和需求。图 2-9 中的 NUDM、NAMF 等都是标准服务化的 API，统一以字母 N 作为开头命名，如 NUDM 是 UMD 提供的服务化 API。

图 2-9 下方是用户面，用户面一般靠近用户，部署在边缘数据中心中，如各地市数据中心。边缘数据中心还可以部署 MEC、CDN 等业务，C 是指内容（Content），如 CDN 业务中的业务内容、视频业务中的视频内容等。

3. 敏捷的基础设施（轻量级虚拟化容器）

与 IT 的应用一样，由于单体式应用被拆解成多个服务化模块，在虚拟化环境下，这些模块的资源载体也相应发生变化。基于容器来部署业务，容器的粒度比虚拟机更细，量级更轻，使用的资源更少、更灵活，便于在大流量时进行快速部署、快速扩容。如图 2-10 所示，从虚拟机到容器，再到逐渐出现的新兴技术，未来可以根据业务自身的要求来选择使用哪种载体或者混合技术。

图 2-10 中的 COTS（Commercial Off-The-Shelf，商用现货）指通用的、非定制的、可以随时在市场买到的符合工业标准的 IT 硬件。虚拟机指通过虚拟机管理软件在一台物理计算机上模拟出的一台或多台虚拟的计算机，这些虚拟机可以像真正的计算机一样进行工作。其特点是标准规范相对成熟、隔离性好、更安全、启动慢（分钟级）、镜像尺寸较大、传输不便，如演进型分组核心（Evolved Packet Core，EPC）网/IP 多媒体子系统（IP Multimedia Subsystem，IMS）的商用部署。虚拟机依然是当前最恰当和最成熟的虚拟化技术。

图 2-10　电信应用的 3 种部署模式

容器技术是共享 Linux 操作系统内核的、轻量化的、进程级的虚拟化技术，其特点是资源利用率高、启动快（秒级）、弹性扩缩容快（秒级）、隔离性弱、安全风险大、容器间网络转发能力较弱。由于容器技术在隔离性、安全、网络方面存在一些不足，在 CT 领域，裸机容器的部署方式还在测试阶段。

4．自动化的生命周期管理

随着无状态设计和微服务结构的应用，以及新的基础设施技术（容器）的引入，需要采用自动化的生命周期管理。首先，在获得敏捷能力的同时，随着管理对象（服务化模块）的增加和复杂化，从业务部件到资源层的映射工作也变得更加复杂，服务化模块迭代加速，生命周期更短，需要更加频繁地发布、上线、监控、升级。因此，人工的运维方式已经无法适应这种变化，需要通过一系列产品的运维能力、运维工具和平台来实现自动化的生命周期管理。其次，业务运营关心的是业务本身而非具体的内部如何实现，因此业务自身的管理（配置、告警等）不应该随着业务解耦而变得更复杂，应该在网管上完成聚合，以业务特性而非微服务的形式对客户呈现管理入口。此外，在业务运维过程中可以引入闭环管理机制，通过持续监控业务的运行状态、基于大数据分析、触发自动策略控制、持续优化网络业务，以提升运维效率。

华为云核心网的所有云化产品和解决方案从一开始就是按照 Cloud Native 理念来设计和开发的，以"商业价值实现"为核心，结合相应技术的产业生态成熟度，有序地引入各项关键技术。

无状态设计是 Cloud Native 各项技术引入的基础，是基于云环境实现业务健壮性、弹性的根基，华为云核心网全系列产品均已经支持无状态设计。

（微）服务架构是应对需求的不确定性、实现业务敏捷的关键手段，通过（微）服务模块的灵活组合、独立升级，实现新业务快速上线。（微）服务化架构的实现离不开服务治理框架（服务模块注册、发现、编排管理），华为云核心网全系列产品采用了基于服务治理框架的三层服务化架构，并实现了粗粒度的（微）服务化拆解，商用规模业界领先。未来，随着 5G 的发展，根据业务需求，当前粗粒度的服务模块可能进行进一步的微服务拆解。需特别指出的是，进一步的（微）服务拆解需要考虑的 3 个基本条件是独立的资源扩缩、独立的生命周期、可重用（可选的特定部件）。要拆解为微服务的部件，至少要满足 3 个条件之一，而不是以服务自身大小来衡量是否要拆解得更"微"。

选取敏捷基础设施技术时，一般原则如下：稳定的、粗粒度的服务模块，更适合基于成熟的虚拟机技术部署，而快速变化的、细粒度的服务模块，更适合基于容器技术部署。对于大多数业务来说，如 EPC/IMS 的商用部署，虚拟机依然是当前最恰当和最成熟的虚拟化技术，其拥有完善的生态链和行业标准，可以帮助运营商快速实现技术领先和商业变现。而当前容器技术存在隔离能力弱、标准未统一、配套工具不成熟等缺陷，期待在未来的应用过程中得到解决。为推动容器技术的发展和应用，华为云核心网团队积极推进容器技术的准备和价值评估工作。

自动化的生命周期管理可以通过网元管理系统（Element Management System，EMS）、管理与编排（Management and Orchestration，MANO）和 NFV 集成云服务（NFV Integration Cloud Service，NICS）平台构建，华为云核心网的全系列产品支持从网络规划到部署、业务测试到上线、容量弹性扩缩端到端的全自动化，而且由于采用了三层服务化架构，CloudEPC/CloudIMS（云化平台 EPC/IMS）支持灰度升级，可提供模块级敏捷升级能力。

"Cloud Native"设计理念对 5G 网络架构进行了两个方面的变革。一是将控制面功能拆解为多个独立的网络服务，以软件化、模块化、服务化的方式来构建网络；二是控制面和用户面分离，使用户面功能摆脱了"中心化"的束缚，使其既可以部署于核心网，也可以部署于更靠近用户的接入网。软件化、模块化、服务化的方式也改变了网元架构，通过无状态设计和（微）服务将传统网元拆解为多个网络服务，每个网络服务与其他服务在业务功能上解耦，并且对外提供服务化接口，可以通过相同的接口向其他调用者提供服务。例如，移动性管理实体（Mobility Management Entity，MME，是 3GPP 协议定义的 LTE 接入网络的关键控制网元，主要功能是用户接入控制和鉴权、移动性管理、会话管理等）功能在 5G 核心网架构中是由 AMF、SMF 和 AUSF 这 3 个服务来实现的。SMF 服务还可以实现业务网关（Serving GateWay，SGW，作为接入锚点进行接入侧信令和数据的处理，完成大量切换信令处理）和分组数据网网关（Packet data network GateWay，PGW，作为业务锚点完成丰富的业务处理，包括 IP 地址分配、内容计费、在线计费、业务策略控制、防火墙等）中的控制面功能。基于服务的架构的优势是模块化便于定制、轻量化（易于扩展）、独立化（利于升级）。（微）服务、敏捷基础设施和自动化生命周期管理实现了电信网络的敏捷开发部署和运维。所以，Cloud Native 是从网元架构、网络架构、敏捷开发部署与运维 3 个方面，构建"弹性""健壮""高效""敏捷"的电信云化网络的。

2.7 本章小结

本章重点介绍了云计算的发展历程、云计算的基本概念、关键特征、服务模式、部署模式，以及 Cloud Native 的基础知识。

本章介绍的是本书内容的基础知识，下一章将介绍网络功能虚拟化的内容。

课后练习

1. 选择题

（1）下列选项中属于 IaaS 服务的是（　　　）。

    A. Salesforce   B. Google App Engine

    C. 华为 ECS   D. FusionStage

（2）以下属于云应用典型场景的是（　　　）。

    A. 面向公众的弹性计算   B. 弹性存储与备份

    C. 企业办公桌面云   D. 以上全部

（3）以下关于 PaaS 的描述正确的是（　　　）。

    A. 终端用户可使用指定主机   B. 终端用户可操作指定应用程序

    C. 终端用户可配置基础运算资源   D. 终端用户可使用操作系统

（4）提高计算机资源利用率可使用（　　　）。

    A. 安全技术   B. 虚拟化技术   C. 存储技术   D. 补丁技术

（5）以下（　　　）不是判断云计算的关键特征。

    A. 按需自助服务方式获取 IT 资源   B. 与位置无关的资源池

    C. 快速弹性获取资源   D. 定额付费

（6）以下（　　　）不是云计算所带来的核心价值。

    A. 虚拟化技术解决了资源利用率低的问题   B. 分布式计算存储提升了可靠性

    C. 全网资源统一管理，提高了效率   D. 提高了系统安全

（7）（　　　）是一组过程、方法与系统的统称，用于促进开发（应用程序/软件工程）、运维和质量保障（QA）部门之间的沟通、协作与整合。

    A. DevOps   B. 持续交付   C. 持续开发   D. 康威定律

（8）（　　　）既包含技术（微服务、敏捷基础设施），也包含管理（DevOps、持续交付、康威定律、重组等），是一系列云技术、企业管理方法的集合。

    A. Cloud Native   B. CloudCore   C. CloudEdge   D. Cloud Computing

（9）云计算的本质是一种（　　　），通过这种模式，可以随时、随地、按需地通过网络访问共享资源

池的资源。

  A. 方法   B. 资源   C. 服务   D. 产品

（10）除了 IaaS 和 SaaS 外，第三种云计算服务模式是（ ）。

  A. DaaS   B. PaaS   C. VaaS   D. CaaS

2. 简答题

（1）简述云计算的关键特征。

（2）简述云计算的服务模式。

（3）简述云计算的部署模式。

（4）简述云计算的价值。

（5）简述 Cloud Native 架构的关键特征。

Chapter

3

第 3 章
网络功能虚拟化

随着云计算、大数据等新兴信息技术业务应用的大规模落地，新业务应用对网络的要求越来越高，灵活性、易扩展和简单易用成为未来网络必须具备的基本能力。支持用户按需自助开通、质量可保证的虚拟网络将成为未来通信网络的发展方向。因此，电信业务云化成为当务之急，网络功能虚拟化是电信网络云化的基础，是 5G 网络的关键技术之一。

本章主要介绍 NFV 的背景、基本概念和网络架构，以及华为 NFV 解决方案和工程项目实例。

课堂学习目标

- 掌握 NFV 的概念和网络架构
- 了解华为 NFV 解决方案
- 了解 NFV 工程项目实例

3.1 NFV 产生的背景

云计算已经成为 IT 产业发展的战略重点，云服务正在快速发展已经成为业内的共识。未来，随着移动终端、智慧城市、智慧工业及混合云等技术的发展，云计算高速增长的态势还将继续。云计算带来的降低运行成本、提升业务敏捷性、降低自动化复杂度、实现按需定制的流程、更专注于自身业务等优点，正是现在的通信技术（Communications Technology，CT）网络所希望的。目前，CT 网络的运营商正面临多方面的矛盾和压力：一方面，传统业务市场日趋饱和，业务收入和利润逐步下滑，电信业务的创新远低于 IT 行业；另一方面，从 3G 到 4G，再到 5G，持续投入大量资金建设新网络，同时耗费大量的人力进行网络维护，使得电信行业的运营支出（Operating Expense，OPEX）和设备支出（Capital Expenditure，CAPEX）的比重越来越大。随着互联网业务的渗透，传统电信行业面临着前所未有的挑战。信息和通信技术（Information and Communications Technology，ICT）融合、电信业务云化，已经是运营商最迫切的需求。

3.1.1 CT 网络的特点

CT 网络是指电信运营商为用户提供语音、视频、数据等业务而建立的网络，也被称为电信网络。电信网络分为固定通信网络和移动通信网络，固定通信网络针对位置固定的通信终端而设计，如固定电话网；移动通信网络针对位置可移动的终端（如手机）而设计，如蜂窝移动通信网。网络功能的实现一直是电信网络工作的目标。移动通信网络功能的实现依赖于无线接入网和核心网的分层协作。本章内容仅涉及移动通信网络的核心网部分。

从 2G 到 4G，移动通信核心网均由电路域核心网和分组域核心网组成。电路域核心网提供语音、短信、视频等业务，由移动交换中心（Mobile Switching Center，MSC）实现。随着电信网络架构的演进，电路域核心网的功能逐渐被 IMS 代替。在 5G 网络中，语音、视频等业务依然由 IMS 实现。4G 移动通信网络的 IMS 架构如图 3-1 中虚框所示，其由以下具有特定功能的网元组成。

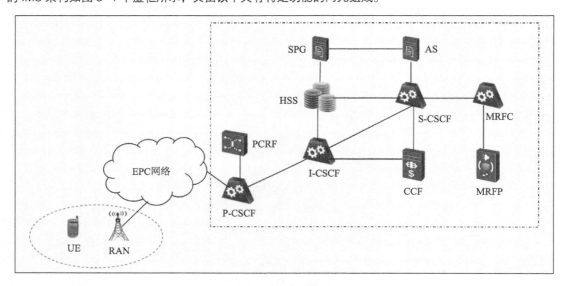

图 3-1　IMS 网络架构

（1）查询-呼叫会话控制功能（Interrogating-Call Session Control Function，I-CSCF）、代理-呼叫会话控制功能（Proxy-Call Session Control Function，P-CSCF）、服务-呼叫会话控制功能（Serving-Call Session Control Function，S-CSCF）：这些是实现会话控制功能的核心网元，具有呼叫控制、用户管理、业务触发、资源控制等功能。

（2）应用服务器（Application Server，AS）：实现电信业务。

（3）用户归属服务器（Home Subscriber Server，HSS）：保存用户的签约信息。

（4）多媒体资源功能控制器（Multimedia Resource Function Controller，MRFC）：实现对多媒体资源功能处理器（Multimedia Resource Function Processor，MRFP）中媒体资源的控制，MRFP 为终端提供媒体资源，如提示音、流媒体、编解码资源等。

（5）策略和计费规则功能（Policy and Charging Rules Function，PCRF）：实现移动网络中的服务质量控制功能。

（6）计费采集功能（Charging Collection Function，CCF）：提供计费功能。

（7）业务发放网关（Service Provisioning Gateway，SPG）：实现用户业务发放。

在图 3-1 中，EPC 网络提供了数据业务的 IP 承载，保证终端在移动的情况下，能够获得高带宽、高质量的数据体验。分组域网络架构如图 3-2 所示，包括演进型网络基站（e-UTRAN NodeB，eNodeB）、移动性管理实体（Mobility Management Entity，MME）、服务网关（Serving GateWay，SGW）、PGW、HSS、PCRF 等网元。EPC 网络的核心部分是 MME、SGW 和 PGW。分组域核心网具有以下四大主要功能。

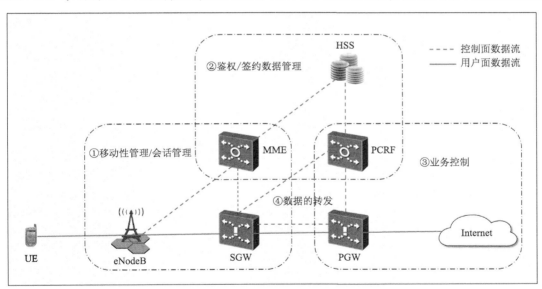

图 3-2　分组域网络架构

（1）移动性管理/会话管理：在网元间传递用户的移动性上下文信息和承载上下文信息，为用户创建、修改和删除承载，管理用户位置信息。

（2）鉴权/签约数据管理：传递和保存用户的鉴权/签约信息，进行简单的计算和比较，以确认用户的合法性及权限，保证网络被授权用户在授权范围内使用。

（3）业务控制：生成业务控制策略，根据策略识别业务，对数据包进行通过、丢弃、流控处理。

（4）数据的转发：根据用户承载上下文信息匹配转发隧道，对隧道封装的数据包进行解封装或封装，网关根据用户数据包地址，直接匹配路由转发。

移动通信中网络处在不同位置的网元承担着不同的网络功能。有些网元承担移动性管理、鉴权管理，参与极少的数据转发工作；有些网元处在用户面的通路上，参与大量数据转发；有些网元对数据包进行深度识别，需要参与大量的计算工作；有些网元用于存储数据，需要进行频繁的硬盘读写。图 3-3 描绘了分组域核心网中不同功能的网元需要具备的能力，如 MME 处理协议栈，需要计算能力；HSS 和 PCRF 既需要计算能力来处理协议栈，也需要存储能力来保存用户签约数据；而 SGW 和 PGW 则需要具备强大的数据转发能力。

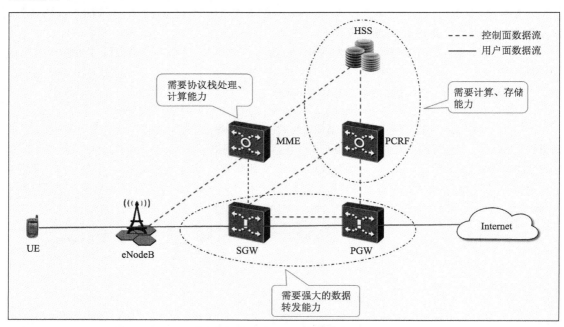

图 3-3　分组域核心网中不同功能的网元需要具备的能力

移动通信网络是一个"标准先行"的网络，在所有的网络流程、协议信元都经过深入讨论形成标准之后，各设备厂商才开始设计通信设备，设备所具备的功能一般不会超过协议定义的范围。在协议做小的改动时，设备通过升级软件去适配；当协议做大的演进时，可能需要更换设备的软硬件。因此，通信设备的硬件和软件都是高度"定制化"的产品，不同的单板根据不同的功能定位而设计，例如，有的单板注重数据转发，有的单板注重信令处理等。硬件工程师需要根据不同单板的功能要求和处理协议采用不同的芯片和单板布局（Layout）。例如，在专门为数据包转发而设计的单板上，会布置转发能力特别强的网络处理器（Network Processor，NP）、专用集成电路（Application Specific Integrated Circuit，ASIC）。此类芯片专门为转发逻辑而设计，能在硬件层面上识别数据包的地址、匹配转发表，从而将数据包快速发送到出接口。但是，这些专用芯片无法承担复杂的计算任务。这种"定制化"模式可以带来单板的高性能，但同时使得产品的硬件成本居高不下。其主要原因如下。

（1）各种单板定制设计，只能应用在通信领域特定的设备上，且有的单板与特定应用相关，生产和发货量小，难以形成规模效应，无法摊薄成本。

（2）现网运行时需要准备多种类型的备件，备件投入大。

（3）新协议和新业务上线需要重新设计单板，投入大，业务上线周期长。

综上所述，高性能、定制化、高集成度的硬件实现了性能最优，是最优的网元实现架构。但是每个网元都有自己的专属硬件，不同的硬件有着不同的生命周期，整个电信网络中可能存在十几种网元，导致硬件变得非常复杂，网络运维成本高昂。对运营商而言，一旦采购了某一设备商的产品，整个网络就被绑定在这些硬件产品上，无法轻易更换。

3.1.2　IT 网络的优势

从构建信息社会的使命来说，CT 解决的是信息传递问题，IT 解决的是信息呈现问题。CT 建立低成本、高质量的网络，使用户在移动状态下获得越来越好的信息成为可能；IT 建立合理的信息呈现方式，以实现低成本、高效的信息交互。CT 和 IT 一起构建的信息社会拓展了人们的沟通方式，丰富了人们的生活。不同的使命，决定了 CT 和 IT 在网络中工作层次的不同。

（1）CT 主要关注网络层，一定程度上关注连接层，其目标是建立一个充分连接、尽量可靠的互连世界。

（2）IT 主要关注应用层，一定程度上关注连接层和网络层，其目标是建立一个内容丰富、流通便利的感知世界。

信息呈现的方式多种多样，IT 提供的业务千差万别，不同的应用又可以组合成更加复杂的应用。以在线商城为例，用户访问在线商城时，服务端需要解析用户请求的内容，根据用户的请求返回结果。例如，服务器端根据用户的浏览习惯、购物历史、收藏的商品来组合匹配用户购买倾向的首页内容；每种商品需要调用促销信息、查询并呈现库存状况；一旦生成订单，就需要根据用户位置确定发货仓库、查询用户账户中的优惠券信息、查询用户历史快递地址、付款方式。这些流程都需要在众多的系统中执行查找和计算工作，并返回结果。而社交网络业务又是另一种业务模型。IT 网络提供的是高度差异化的业务，针对每个用户都会呈现不一样的内容，不同的公司之间提供的服务差异更大。IT 业务处理过程往往需要进行大量的计算和查找工作。

在 IT 领域，虽然业务千差万别，但是 IT 应用在底层均采用相同的硬件，通过在硬件上开发不同的软件来提供不同的业务。IT 之所以使用通用的硬件、开放的标准，是因为 IT 的应用规模巨大、应用场景极多，无法使用定制的硬件来解决问题。IT 领域的每个细分场景收入有限，需要规模化复制软件，实现规模收入。IT 业务可以通过通用硬件的扩容实现规模的快速扩展，通过软件的开发和升级实现功能的快速扩充。

对传统 CT 网络而言，从订单到设计、开发、生产、发货、集成验证和上线商用，其网络扩容和新业务上线周期需要数月乃至一年的时间。同时，扩容和新增特性往往需要依赖原有设备供应商，这实际上弱化了运营商的谈判能力，增加了成本。移动网络运营商希望 CT 也能像 IT 一样，实现硬件（网络能力）和软件（网络功能）的分离，通过采购通用硬件实现能力的提升、容量的提高；通过升级软件实现功能的增加、新业务的上线，从而降低成本，提高网络功能部署的灵活性和敏捷性。从可行性上分析，随着由 Intel 推动的基于 X86 的服务器价格的不断下降、性能的不断提升，使用低效的 X86 架构来承担原通信行业专有 ASIC 芯片的处理工作，从成本上成为可能。同时，通用 CPU 也在底层引入了新的指令集，对处理通信协议栈进行了优化，增强了通信协议的处理能力，在结构设计上也增强了输入/输出（Input/Output，I/O）接口吞吐能力。总之，通用 CPU 架构的服务器在今天已经可以开始取代专有硬件，从 IT 走向 CT，使得电信网络云化成为可能。

3.1.3　NFV 的提出

世界在不停发展，通信行业已经从过去的语音世界走到了当今的数字世界。当今以个人终端连接的数字世界在不久的将来会进一步发展到万物互联的全连接世界，这是信息社会未来发展的一种趋势。然而，电信网络发展到今天，面临着多方面的挑战。全球基础电信服务业的收入增长长期停滞不前，未来几年占收入 60% 的移动业务将进入持续下滑阶段，年均复合增长率仅为 1.4%，年均单一用户营收贡献度（Average Revenue Per User，ARPU）值增长-2.7%，2018 年全球移动收入首次出现负增长。虽然信息技术的发展，使得大量数字业务爆发，运营商网络的数据流量大幅度激增，但运营商的数据业务营收却缓慢下降，传统的语音和短信业务大幅下滑，数据业务每 bit 的费用也大幅下降，导致信息社会的高价值服务与运营商无关，消耗这些流量的应用被（IT 业务提供商）过顶业务（Over The Top，OTT）牢牢把握。运营商传统的语音和短信业务，逐渐被基于 IP 的语音（Voice over Internet Protocol，VoIP）业务和社交类 App 替代。数据显示，YouTube 占用了全球移动流量的 24%；聊天消耗了所有即时通信相关带宽的 22%；WhatsApp 占用了全球信息流量的 5%；Netflix 的流媒体用户接近 3000 万。运营商流量的大幅度上升主要是过顶业务应用的效应，运营商被管道化，提供的仅仅是数据流量，难以进一步开展增值业务。

运营商面临的挑战不仅仅是业务收入增长放缓和过顶业务的竞争，为了支持日益上升的数据流量需求，运营商不得不加大网络建设投入，对技术和设备进行升级换代。在语音时代，技术发展、资源使用、成本和收入基本呈同样的上涨趋势，在数字时代，在技术和营收增长放缓的情况下，数据使用量的大幅上涨使得运营商的成本大幅上涨。除了为了支持数据流量增长的建网投入，即 CAPEX 外，更多的来源于运营支出的增长，运营商整体 OPEX 可以占营收的 60% 以上。运营商网络的 OPEX 主要包括运维人员的人力成本、机房成本、电力成本、设备维护成本、设备升级成本、故障维修及监测成本等。例如，传统架构下对全网设备进行升级，需要通过人工配置的方式逐一进行升级，每台设备均需要耗费数个小时，全网 10^5 级别数量的设备的升级是一项烦琐而庞大的工程。为了保证系统的可靠性，传统 CT 网络中的运维系统一般采用了 $N+1$ 的设计，在故障发生时，整体系统没有冗余，若产生单点故障则必须立即修复，对维修人员和厂商维保的要求都很高。这些运维成本的提升，进一步侵蚀了运营商的收益。

综上所述，现有的相对封闭的网络架构以及粗放的网络建设与运维模式难以支撑电信网络的可持续发展，不断发展的新业务又带来了降低网络建设与运维成本、提高网络资源利用效率、提升网络与业务部署速度等新需求。电信网络的演进需要突破性思维和根本性的网络架构变革，才能应对电信业的挑战，创造新的业务发展机遇。在此背景下，NFV 应运而生。

2012 年 11 月，十三家电信运营商，包括美国电话电报公司（AT&T）、英国电信集团（BT）、德国电信（DT）、法国电信运营商（Orange）、意大利移动电信（TIM）、西班牙电信公司（Telefonica）、威瑞森电信（Verizon）、沃达丰电信（VDF）、中国移动通信集团（CMCC）等，在欧洲电信标准协会（European Telecommunications Standards Institute，ETSI）的组织下成立了 NFV 产业标准组（Network Functions Virtualization Industry Specification Group，NFV ISG），希望通过使用通用服务器、交换机和存储设备以及标准的 IT 虚拟化技术来实现传统电信的网络功能，借助 IT 的规模化经济，降低设备和运营成本，缩短业务创新周期，提高部署网络功能的灵活性和敏捷性，从而建设更广泛、多样的生态系统，促进网络的开放和共享。

2013 年 1 月，NFV ISG 开始进行电信网络虚拟化架构相关标准制定，主要定义了 NFV 的需求和架构。2014 年底，实现了对 NFV 的概念定义和系统架构的制定，理清了不同接口的标准化进程；定义了管理与编排层/网络功能虚拟化基础设施（Network Functions Virtualization Infrastructure，NFVI）层的功能及基础概念；明确了对可靠性、安全性的需求。2015 年，制定了第二阶段内容，包括 MANO 信息模型、接口设计；架构选项；功能演进（SDN、硬件设备需求）；跨组织合作；测试用例。2017 年，制定了第三阶段主要内容，包括 MANO 数据模型、表征状态转移（Representational State Transfer，REST）接口定义；信息模型维护；功能演进，包括切片（Slicing）、云原生（Cloud Native）等。

NFV 将传统电信的网络设备功能软件化，通过特定的虚拟化技术，基于 IT 通用的计算、存储、网络等硬件设备实现电信的网络功能。NFV 的应用将大大提高电信网络建设的灵活性和网络服务部署的敏捷性,促进传统 CT 产业与 IT 产业的深度融合。

3.2 **NFV** 的基本概念和网络架构

NFV 是在云计算在 IT 行业取得巨大成功的背景下,由运营商联盟提出的。2013年,NFV ISG 发布了 NFV 白皮书,给出了 NFV 的标准定义,即网络功能虚拟化的目的是通过标准的 IT 虚拟化技术来改变网络运营商架构网络的方式,将众多网络设备整合到业界标准的高容量服务器、交换机和存储设备上,这些服务器、交换机和存储设备可以位于数据中心、网络节点或用户端,如图 3-4 所示。网络功能以软件方式实现,能在一系列工业标准的服务器硬件上运行,可以根据需要迁移和实例化,部署在网络的不同位置而不需要安装新设备。

V3-1 NFV 的基本概念和网络架构

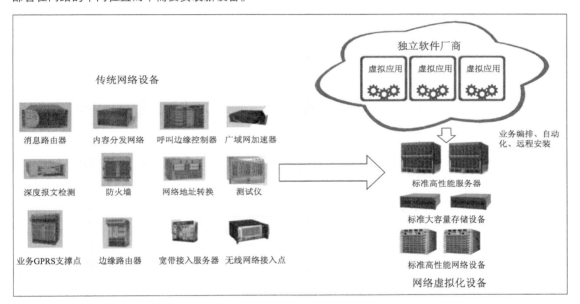

图 3-4 NFV 标准设备图(引自 NFV 白皮书)

在图 3-4 中,左半部分是传统电信专用设备,没有统一的规格和标准,因为每种网元都是根据自身的业务特点进行设计的;右半部分是网络虚拟化架构方案,底层硬件采用的是 IT 业界标准的高性能服务器、大容量存储设备和高性能网络设备。使用通用的 IT 设备代替传统的电信专用设备,可以通过 IT 的虚拟化技术实现软硬件解耦,通过服务软件实现网络功能,解决网络及应用的快速部署、灵活扩容和缩容等问题,提供更高可扩展性、弹性和适应性的高性能网络。

NFV 网络参考架构如图 3-5 所示,其左半部分的方框实现了电信业务功能,其中,最底部为硬件层,包括计算硬件设备、存储硬件设备和网络硬件设备,即通用的服务器、磁盘阵列和网络交换机;硬件层之上为虚拟化层,包括资源虚拟化和云操作系统(Cloud OS)。资源虚拟化是指采用虚拟化技术把物理资源抽象为虚拟资源,而云操作系统负责虚拟资源的管理和调度。虚拟资源包括虚拟化的计算、存储和网络资源。硬件层、虚拟化层和虚拟化资源层共同构成网络功能虚拟化基础设施层。在 NFVI 之上的是虚拟网络功能(Virtualized Network Function,VNF)层,其中,一个 VNF 即为一个虚拟业务网元,是实现电信业务的基本单元，而网元管理系统是对应的虚拟业务网元的网管系统。图 3-5 的左半部分最上层是运营支撑系统和业务支撑系统。它们不属于 NFV 框架内的功能组件，但 NFV 的管理运维层及虚拟业务网元需要提供 OSS/BSS 的接口支持。在电信网络中，OSS 和 BSS 分别实现网元管理功能和业务发放功能。图 3-5 的右半部分为 NFV 的管理与编排层，也被称为管理运维层。MANO 也分为三层：底层是虚拟基础设施管理（Virtualized Infrastructure Management，VIM）层，中间层是虚拟网络功能管理器（Virtualized Network Function Manager，VNFM）层，上层是网络业务编排（Network Functions Virtualization Orchestrator，NFVO）层。图 3-5 所示的 NFV 网络参考架构中有许多英文缩写，表 3-1 为对图 3-5 中英文缩写的解释。

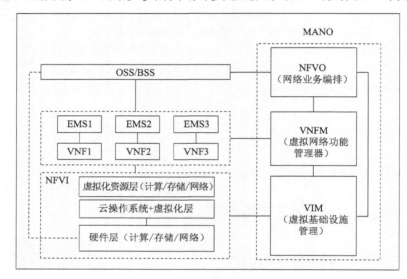

图 3-5　NFV 网络参考架构

表 3-1　NFV 网络参考架构中英文缩写的解释

缩略语	含义
NFVI	Network Functions Virtualization Infrastructure，网络功能虚拟化基础设施，由物理层和云操作系统组成，为上层业务提供虚拟资源
VNF	Virtualized Network Function，虚拟化网络功能
OSS	Operations Support System，运营支撑系统
BSS	Business Support System，业务支撑系统
EMS	Element Management System，网元管理系统
VIM	Virtualized Infrastructure Management，虚拟基础设施管理
VNFM	Virtualized Network Function Manager，虚拟网络功能管理器
NFVO	Network Functions Virtualisation Orchestrator，网络功能虚拟化编排器
MANO	Management and Orchestration，管理和编排

在图 3-5 中，硬件层和虚拟化层合称为网络功能虚拟化基础设施层。该层为上层 VNF 业务提供最基础的虚拟资源，如虚拟 CPU、虚拟内存、虚拟磁盘、虚拟网络等。在 NFVI 中，云操作系统处于硬件层和业务层之间，具备虚拟化能力，能够将"硬件资源池"抽象为"虚拟资源池"，将底层硬件抽象为细粒度的虚拟计算、存储和网络资源。云操作系统还具备跨设备调度资源的能力，能将来自不同设备和区域的细粒度

的资源组合成具有一定能力的计算、存储和网络资源，提供给上层业务使用。云操作系统通过虚拟化组件完成硬件资源的虚拟化。虚拟化组件也称为虚拟机监控器（Virtual Machine Monitor，VMM，也称 Hypervisor），是云操作系统的核心组件。虚拟化组件把每台服务器上的硬件资源抽象为虚拟资源，多个虚拟化的服务器组成更大的虚拟资源池，由云操作系统统一管理调度，实现虚拟机的创建、动态扩缩容、删除（销毁）等，并且提供虚拟资源的监控、管理等所需要的状态信息。常见的云操作系统有开源的 OpenStack、CloudStack；基于 OpenStack 的华为的 FusionSphere；以及闭源的 VMware 公司的 vSphere、微软公司的 Azure 等。

在电信网络中，网元代表具有某种特定功能的网络实体，例如，呼叫会话控制功能是 IMS 网络的核心部件，主要完成用户注册、鉴权、会话控制、业务触发、拓扑隐藏、服务质量控制、网络地址转换、安全管理等功能，是一个标准电信网元。在传统电信网络中，CSCF 网元的功能是由硬件、操作系统和功能软件共同实现的，其中，硬件是符合电信标准的专用硬件，操作系统根据该网元承担的网络功能和硬件架构定制开发，硬件、操作系统和功能软件是一体化的、密不可分的。在 NFV 中，虚拟化网元的架构与传统网元的架构不同，其区别如图 3-6 所示。在网络虚拟化之后，通用硬件上运行的是虚拟化组件或 Hypervisor，实现 Hypervisor 功能的软件是主机操作系统（Host OS，注意其与 Cloud OS 的不同，Host OS 安装在每台物理主机上，用于将物理主机的硬件资源抽象为虚拟资源，而 Cloud OS 是对虚拟资源的管理与调度，因此 Host OS 是 Cloud OS 的组件，用以完成硬件虚拟化）。实现 CSCF 的软件运行在虚拟机（Virtual Machine，VM）的客户机操作系统（Guest OS）上，可以由一个或者多个虚拟机共同实现，所以称之为虚拟网络功能。硬件层、云操作系统层和 VNF 层是 NFV 参考架构中实现电信网络功能的部分。

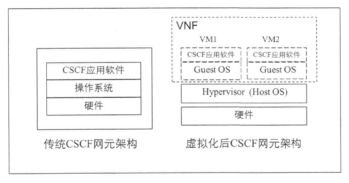

图 3-6 传统网元与虚拟化网元的区别

图 3-5 中右半部分的 MANO 提供了 NFV 的整体管理和编排，它由 NFVO、VNFM 及 VIM 共同组成。在介绍 MANO 之前，有必要了解 VNF 实例与网络服务（Network Service，NS）实例的区别。VNF 实例是指部署完成的网元，由一个或者多个虚拟机组成，如上面提到的 CSCF 网元；而 NS 实例是部署完成的完整的网络业务，由多个 VNF 组成，包括 VNF 之间的网络连接关系。例如，通过 VNFM 部署的一个 CSCF 网元就是一个 VNF 实例；而通过 NFVO 部署一个 vIMS 实例，该 vIMS 实现语音业务，其是一个 NS 实例，该实例包括多种 VNF，除了 CSCF 外，还有高级电话服务器（Advanced Telephony Server，ATS，是 AS 的实例）、SPG、MRFC、MRFP、CCF 以及这些 VNF 之间的网络连接关系。

在 MANO 中，VIM 负责 NFVI 层的计算、存储和网络资源的控制和管理，通常位于一个运营商基础设施的子域内，且一般用于一套云操作系统的管理。VIM 详细功能如下。

（1）管理 NFVI 资源的分配、升级、释放和回收再利用，并将这些虚拟资源和物理的计算、存储、网络资源相关联。

（2）管理软硬件资源，包括计算、存储和网络资源。

（3）采集和上报监控的测试指标和性能。

一个 VIM 可以管理特定或不同类型的 NFVI 资源，例如，OpenStack 可以管理不同虚拟技术实现的资源池，如基于内核的虚拟机资源池、VMware 资源池等。VIM 为 NFVO 和 VNFM 屏蔽了不同的 NFVI 类型。

VNFM 负责 VNF 实例的生命周期管理，包括 VNF 实例化、VNF 的资源配置、扩缩容（Scale In/Out）、手工或自动恢复等，具体功能如下。

（1）VNF 实例化和对 VNF 的 NFVI 资源进行配置。

（2）VNF 实例资源扩缩容，采集 VNF 实例相关的 NFVI 性能指标和事件，关联 VNF 实例相关事件。

（3）VNF 实例手工恢复或自动恢复。

（4）VNF 实例下线。

（5）VNF 实例在整个生命周期内的完整性管理。

（6）负责全局协调、实现 NFVI 层的告警和将事件上报给 EMS。

每个 VNF 实例都有一个相应的 VNFM。一个 VNFM 可以管理一个或多个同一类型或不同类型的 VNF 实例。绝大部分 VNFM 管理功能是通用的，可以适用于任何类型的 VNF。

NFVO 负责全网范围内的协同，包括管理 NFV 资源（软件和基础设施）、基于 NFVI 实现 NFV 业务的拓展、实现网络业务的生命周期管理等，主要功能如下。

（1）NS 的管理，NS 的创建、实例化、更新、扩缩容、性能统计、事件收集和相关性分析、终止。

（2）管理 VNFM 实例。

（3）和 VNFM 配合完成 VNF 的实例化，含 VNF 发布包的管理。

（4）VNF 实例和 NS 实例的策略管理（如 NFVI 资源接入控制、预占和分配策略、基于亲和性和排斥性的优化部署等）。

（5）全网范围内的 NS 实例的自动化管理。

综上所述，NFV 借助 IT 的虚拟化和云计算技术，实现对传统网络架构的重构分层。传统网络架构与 NFV 架构的差异如图 3-7 所示。NFV 将传统的"烟囱"式网络架构抽象为三层结构：硬件层、云操作系统层、应用层，并实现二层解耦和三层解耦。其中，二层解耦是软硬件解耦，是硬件与云操作系统之间的解耦，三层解耦是云操作系统与上层 VNF 之间的解耦。分层之后，通过云操作系统整合硬件，可以实现硬件资源标准化和共享，提高资源利用率；而三层解耦可以丰富电信业务种类，加快业务上线时间。另外，通过 MANO 对分层资源进行管理、部署和维护，可以提高运维效率。在图 3-7 中，VAS 代表增值业务（Value-Added Service），DC 代表数据中心。

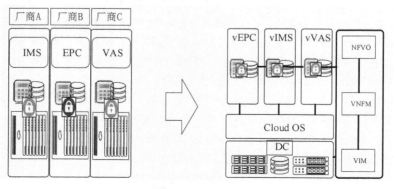

图 3-7 传统网络架构与 NFV 架构的差异

3.3 华为 NFV 解决方案 SoftCOM

　　针对电信运营商所面临的挑战,为更快、更好地发展互联网时代的网络服务,实现网络、架构、业务及运营上的快速转型,华为 SoftCOM(Software defined teleCOM)是华为推出的面向未来 10 年的网络架构发展战略,该解决方案旨在帮助运营商建立云化的、全开放的 ICT 基础设施,将分布式云数据中心作为下一代业务网络的核心,采用 NFV 和 SDN 先进技术,实现传统网络的分层解耦、功能虚拟化及资源的弹性调度。

V3-2 华为 SoftCOM
解决方案

3.3.1 华为 SoftCOM 解决方案

　　图 3-8 所示的网络架构将是电信网络未来基础设施的架构,将形成以业务为中心的 CloudOpera、Digital inCloud、CloudCore、CloudEdge、CloudBB、CloudDSL/OLT 六类 ICT 基础云设施,并以 SDN 驱动的 Agile Network(敏捷网络)为业务承载网络,实现业务间的互连和网络资源的弹性调度。

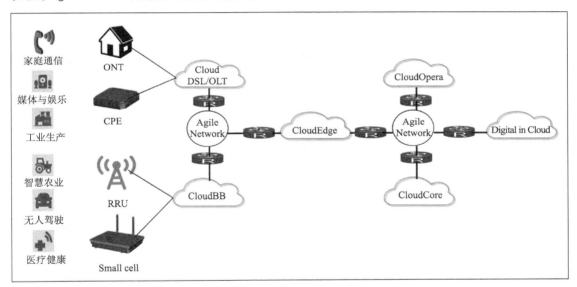

图 3-8　电信网络未来基础设施的架构

　　(1)CloudOpera:在 SoftCOM 中的定位是电信网络下一代的运营系统,不仅实现 BSS、OSS 业务功能,还实现全网资源按需的自动编排。其中,集成的大数据功能可提升调度的智能性,实现数据变现的能力;开放的业务接口可提供第三方业务创新的功能,带给客户全新的服务体验。

　　(2)Digital inCloud:电信运营商面向全球提供各种业务的开放云服务设施,包括彩铃、彩信、增值服务、视频、游戏、电子商务、互联网应用、智慧城市应用、物联网应用及其他行业的数字化应用。

　　(3)CloudCore:基于 NFV 和 SDN 重构的核心网,包含各种可弹性扩展、灵活部署的核心网虚拟功能单元,如 IMS、信令业务处理系统(Signaling service Processing System,SPS)、签约数据管理(Subscriber Data Management,SDM)、PCRF 等,并以开放的方式提供敏捷的服务体验。

　　(4)CloudEdge:在开放的 ICT 云设施上,使用 NFV 和 SDN 重构运营商的网络边缘,提供了 vEPC、虚拟化多业务引擎(virtualized Multimedia Service Engine,vMSE)和虚拟化网元管理功能,可以汇集接入各种制式的数据流。

（5）CloudDSL/OLT：基于 NFV 和 SDN 重构的开放接入云设施，实现固网数字用户线（Digital Subscriber Line，DSL）及光线路终端（Optical Line Terminal，OLT）等有线方式的接入。

（6）CloudBB：使用 NFV 和 SDN 重构的无线接入网络，以开放的 ICT 云设施实现无线侧的业务接入。

（7）Agile Network：构建敏捷网络，用于实现上述 ICT 基础设施之间以及 ICT 基础设施与最终用户之间的连接。敏捷网络的核心技术是 SDN，网络资源可根据业务需求进行实时调整和自动调度。

SoftCOM 使用统一、开放、标准的云体系架构来实现上述六类 ICT 基础云设施，其整体框架如图 3-9 所示。

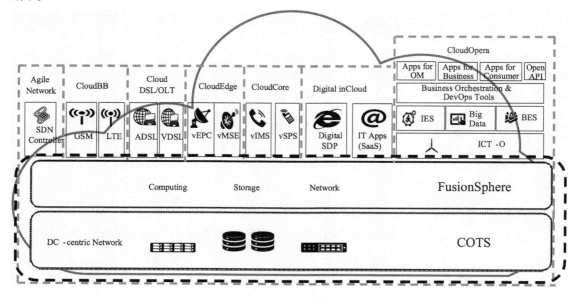

图 3-9 SoftCOM 整体框架

（1）COTS 层：最底层为硬件基础设施层，包括计算、存储、网络硬件设备等物理资源，采用业内标准、通用的 COTS 硬件平台，如华为 FusionServer 系列、OceanStor 系列或第三方 COTS 硬件平台等。

（2）云操作系统 FusionSphere：基于 OpenStack 的 FusionSphere，是华为面向运营商和企业客户推出的开放、高效、敏捷的云操作系统，能够帮助客户部署服务器虚拟化、私有云、公有云及混合云业务。FusionSphere 支持第三方厂商的物理硬件和虚拟化，能够实现数据中心硬件资源利旧，提升 IT 基础设施资源调度与管理效率。在云服务层面，FusionSphere 在 OpenStack 的基础上，提供了备份与容灾、热迁移、跨数据中心的资源调度、电信云定制化扩展等扩展服务，帮助运营商构筑 ICT 融合的分布式云数据中心。

以上是 SoftCOM 解决方案的整体概述。在此解决方案中，实现核心网云化的方案分别是 CloudCore 和 CloudEdge。在 CloudCore 解决方案中，核心部分是 IMS 网元（见图 3-1），提供会话控制功能，为用户提供语音、视频、短信等多媒体业务；在 CloudEdge 解决方案中，核心部分为 EPC 网元（见图 3-2），为用户提供数据业务，如浏览网页、收发邮件等，为语音、视频业务提供 IP 承载通道。

3.3.2 华为 CloudCore 解决方案

CloudCore 是 SoftCOM 战略定义的"六朵云"之一，是传统核心网的云化方案，在 4G 和 5G 网络中提供语音、视频业务。核心网云化是继数字化、IP 化后的第三次革命，通过虚拟化技术，实现语音核心网网元基础架构软硬件解耦以及核心网网元的功能虚拟化和云化。CloudCore 解决方案全面遵循云化的软件架构和设计要求，支持通用硬件、第三方云化操作系统，具备和多厂家硬件及 Cloud OS 集成的能力，包含 CloudIMS、CloudSBC、CloudDB、CloudSPS、CloudPCRF 等全系列核心网云化产品，如图 3-10 所示。

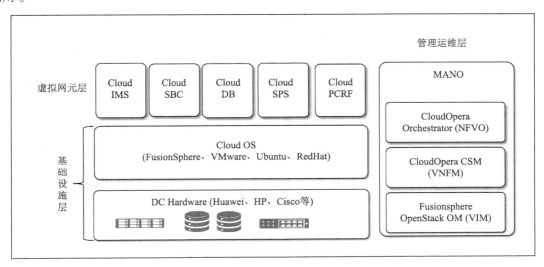

图 3-10　华为 CloudCore 解决方案

管理运维层是对 ETSI 定义的 MANO 参考架构的实例化。CloudOpera MANO 定位为网络功能虚拟化管理和编排，主要完成对 VNF 和 NFVI 的维护、管理及两者之间的协调。它由两部分组成：CloudOpera Orchestrator 和 CloudOpera CSM，其中，CloudOpera Orchestrator 是 MANO NFVO 的实例化，CloudOpera CSM 是 MANO VNFM 的实例化。VIM 的实例化产品为 FusionSphere OpenStack OM。

虚拟网元层对应的是目前电信网络的各个物理网元。注意，CloudIMS 即云化 IMS，面向个人、家庭、企业、行业等多种商业场景，提供基于云的实时高清音视频和多媒体体验。CloudDB 即云化数据库，可以将网络中的各种用户业务数据融合，进行统一管理，并提供开放的数据接口，帮助运营商高效管理用户数据、降低运营成本、提升运营效率、加速业务创新，并从用户数据中挖掘出更多的价值。CloudSBC 即云化会话边界控制器（Session Border Controller，SBC），用以确保 VoIP 安全性与持续通信，并提供多媒体服务，主要部署在边缘接入层。CloudPCRF 即云化 PCRF，实现动态 QoS 策略控制和动态的基于流的计费控制功能，同时提供基于用户签约信息的授权控制功能。CloudSPS 即云化 SPS，负责 LTE 的 Diameter（计费认证协议）信令目的地址的翻译和转接，实现 LTE 用户的鉴权、位置更新、计费管理等业务流程消息的转发。

基础设施层包括虚拟化层和通用硬件层。虚拟化层支持华为的 FusionSphere（华为基于 OpenStack 开发的商用云操作系统）、VMware（美国的一家虚拟化解决方案提供商）的 vSphere 和 vCenter、Ubuntu OpenStack（Ubuntu 基于开源 OpenStack 开发的云操作系统）、RedHat OpenStack（美国红帽公司基于开源 OpenStack 开发的云操作系统）等。通用硬件层则支持多厂家的服务器、存储和网络设备，其中，服务器包括华为 E9000、华为 RH2288、HP C7000、Cisco UCS 等；存储设备有华为 OceanStor 5500 V3、HP 3PAR 等；网络设备有华为 CE6851、华为 CE12804、HP 5900 等。

3.3.3 华为 CloudEdge 解决方案

CloudEdge 也是 SoftCOM 战略定义的"六朵云"之一，是传统分组域核心网的云化方案，在 4G 网络中实现数据业务。通过虚拟化技术，实现分组核心网网元基础架构软硬件解耦以及核心网网元的功能虚拟化和云化。CloudEdge 解决方案全面遵循云化的软件架构和设计要求，支持通用硬件、第三方云化操作系统，具备和多厂家硬件及 Cloud OS 集成的能力，包括 CloudUGW、CloudUSN、CloudEPSN、CloudePDG、CloudSCEF 等全系列核心网云化产品，如图 3-11 所示。

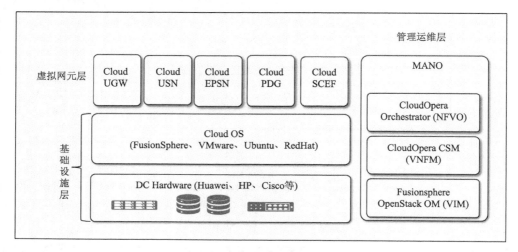

图 3-11　华为 CloudEdge 解决方案

在 CloudEdge 解决方案中，管理运维层和基础设施层的产品与 CloudCore 解决方案一致，区别在于虚拟网元层。CloudEdge 解决方案中的虚拟网元层对应目前电信分组核心网中的物理网元，详细介绍如下。

（1）CloudUGW：云化统一分组网关（Unified Packet Gateway，UGW），是一款支持以网关 GPRS 支撑节点（Gateway GPRS Support Node，GGSN）、SGW、PGW 网元功能形态出现的产品，可同时支持 GPRS、UMTS、LTE 等多种 3GPP 接入方式。

（2）CloudUSN：云化统一服务节点（Unified Service Node，USN），支持不同制式的逻辑产品形态应用，提供对移动用户的移动性管理和会话管理，以及电路交换回退、网络共享等其他业务功能。

（3）CloudEPSN：云化外置 PCEF 支持节点（External PCEF Support Node，EPSN），作为外置策略和计费执行功能（Policy and Charging Enforcement Function，PCEF），遵循 3GPP 标准，部署在无线网关和分组数据网之间，实现对业务报文的分析和处理，提供智能、灵活的业务控制功能，包括业务感知、业务控制和计费及带宽控制等功能。

（4）CloudePDG：云化演进分组数据网关（evolved Packet Data Gateway，ePDG），是一种为提供非 3GPP 接入的 EPC 网络而引入的网元功能实体，其主要作用是将采用非可信接入的用户设备（User Equipment，UE）引入 PGW 设备。

（5）CloudSCEF：云化业务能力开放功能（Service Capability Exposure Function，SCEF），是基于华为 CloudEdge 解决方案孕育而生的网络能力开放平台，即将网络中各种最原始的基本能力进行组合、编排后，开放给第三方应用进行调用。第三方应用借助能力开放的接口，增强了用户体验，如提升视频业务的带宽、保证实时游戏类业务的时延小等，同时可实现第三方应用业务的灵活与简化部署。

核心网云化后，云数据中心将最终承载运营商所有的业务和支撑网络系统，成为运营商 ICT 转型的基础。为了充分利用云平台的能力，核心网云化不仅仅是将核心网网元以虚拟化形式部署在云平台上，还需要通过产品架构重构，最大化发挥云平台的价值。目前，整体上可以将云化架构演进分为两个阶段。第一阶段是 NFV，通过软硬件解耦将电信业务部署在通用的硬件服务器上，实现设备购买成本和维护成本降低、业务部署速度和业务创新速度提升。第二阶段是 NFC，通过程序、数据分离，实现业务处理无状态（指计算单元不再保存用户状态信息，只负责对到来的信令进行处理），业务层计算能力完全池化，提升可用性。通过程序、数据分离技术，实现分发层、处理层、数据层三层云化架构。其中，在分发层，接口 IP 和业务 IP 分离，通过云业务负载均衡（Cloud Service Load Balancer，CSLB）实现均衡分发和自动弹性；在处理层，通过业务处理进程无状态、完全池化，实现业务的快速弹性和高可用性；在数据层，基于通用 X86 和云环境构建的分布式内存数据库，满足 NFV 业务弹性扩展的需要、保证电信级业务体验和高可靠性的要求。同时，配合 CSLB、云会话数据库（Cloud Session DataBase，CSDB）实现业务均衡分发、各层独立弹性伸缩。通过服务化改造，实现服务的自动部署、智能运维、快速伸缩、灰度升级。

3.4 NFV 工程项目实例

国内运营商已经发布了数字化转型的愿景。其中，中国移动通信集团有限公司（简称中国移动）早在 2015 年 7 月便发布了 NovoNet2020 愿景，希望融合 NFV、SDN 等新技术构建新一代网络，以适应中国移动数字化服务战略布局的发展需要。中国联合网络通信股份有限公司（简称中国联通）在 2016 年 9 月提出了 5G 云网络架构，目标是通过虚拟化、软件化、可编排等理念，使得各种不同的业务场景可以由不同的网络切片来负责处理，实现从专用的电信网络到通用网络平台的转变。中国电信集团有限公司（简称中国电信）在 2016 年 10 月宣布成立了 "CTNet2025 网络重构开放实验室" "5G 联合开放实验室"，聚焦以 "SDN、NFV、云" 为代表的网络重构和 5G 技术。

在此背景下，国内某运营商进行了 NFV 演进研究和试点，主要内容为验证 NFV 整体功能、探索运维服务体系、验证电信云与 IT 云的差异、验证各专业网元 NFV 目标等，以对将来进行大规模 NFV 演进提供实践经验和方向指导，建立 NFV 样板点。此项目为 CloudCore 解决方案实例，部署 vIMS 网元，测试虚拟化系统下 4G 语音和视频业务功能的成熟度和可靠性，为 5G 网络的部署提供实践经验。以下是对该 NFV 项目的介绍。

3.4.1 NFV 项目网络架构和软硬件

1. 项目网络架构

NFV 项目网络架构如图 3-12 所示，规划建设两个数据中心。DC1 的硬件为一套刀片式服务器 E9000，内置 8 块 CH121 V3 服务器，一套 OceanStor 5500 V3 存储设备和 8 台 CE6851 交换机，云操作系统为 FusionSphere，VIM 为 FusionSphere OpenStack OM，VNFM 为 CloudOpera CSM，部署网元为 vIMS1 和 EMS，EMS 为 U2000（华为网元管理系统）；DC2 的硬件为 8 台 RH2288 V3 机架式服务器，一套 OceanStor 5500 V3 存储设备和 6 台 CE6851 交换机，云操作系统为华为 FusionSphere，VIM 为 FusionSphere OpenStack OM，VNFM 为 CloudOpera CSM，部署网元 vIMS2。同时，vIMS1 和 vIMS2 中的 CSCF 网元组成网元池，共同承载业务，实现业务级容灾。由于此项目中 VNF 比较少，使用 VNFM 即能完成 VNF 的部署，所以未部署 NFVO。NFVO 是网络业务的编排，适用于资源池容量大、网络业务多的场景。

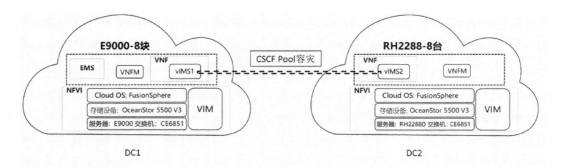

图 3-12 NFV 项目网络架构

2. 硬件产品

在华为 NFV 解决方案中，计算、存储和网络能力均由如下设备提供：使用 E9000 服务器或者 RH2288 服务器提供计算能力承载业务，使用 OceanStor 5500 V3 磁盘阵列存储数据，网络部分使用 CE6800 系列交换机进行机柜内数据交换、CE12804S 交换机进行机柜间数据交换。

E9000 服务器的机框前后均有槽位，前部插槽用于插入计算刀片，提供计算能力；后部插槽用于安装交换板，提供对外的网络接口。

RH2288 服务器是华为针对互联网、互联网数据中心、云计算、企业市场及电信业务应用等需求，推出的具有广泛用途的 2U2 路机架式服务器，适用于分布式存储、数据挖掘、电子相册、视频等存储业务，以及企业基础应用和电信业务应用。

网络设备为数通交换机，有 CE6851、CE7850、CE12804S、CE8860 几种型号。其中，CE6851、CE7850 型号的交换机为盒式交换机，端口数量较多，作为 ToR（Top of Rack）使用。ToR 指服务器机柜最上方的接入交换机，用于汇聚本机柜中插框的数据流量。CE12804S、CE8860 型号的交换机为框式交换机，采用接口板来定制接口模式和数量，作为 EoR（End of Row）使用。EoR 是位于一排机柜端点的独立交换机，用于汇聚 ToR 流量。从传统的二层交换网络的角度来看，可以将 ToR 理解为接入层，EoR 理解为汇聚层。ToR 负责接入主机、存储等设备；EoR 汇聚多个业务区的业务到接入层交换机，负责汇聚多个接入层的流量，实现业务区内同一个虚拟局域网（Virtual Local Area Network，VLAN）跨汇聚设备的业务流量转发。同时，EoR 可终结二层。即各网段的网关配置在交换机上。ToR 分为管理 ToR、存储 ToR 和业务 ToR。管理 ToR 主要用于 I 层管理（NFVI 层网元的管理和维护）流量的连接，存储 ToR 用于存储流量的连接，业务 ToR 用于本机柜业务流量的连接，再将本机柜汇聚后的业务流量连接到 EoR 上。

目前，CloudEdge 采用 CE12804S 作为 EoR。由于 CloudCore 中数据转发量不及 CloudEdge，因此 CloudCore 方案中采用 CE6851 作为 EoR。在 CloudEdge 和 CloudCore 共建的场景下，采用"就高"原则，使用 CE12804S 作为 CloudEdge 和 CloudCore 的 EoR。

存储设备首选华为 OceanStor 5500 V3，在后期演进的方案中使用分布式存储 FusionStorage。在 NFV 解决方案中优选 2U 的机框设备。OceanStor 5500 V3 磁盘阵列存储系统的机框分为控制框和硬盘框，高度为 2U 的 OceanStor 5500 V3 是盘控一体的，即控制器和硬盘框合一设置。控制器是设备中的核心部件，主要负责处理存储业务、接收用户的配置管理命令、保存配置信息、接入硬盘和保存关键信息到保险箱硬盘中。

当采用 IP 存储局域网络（IP Storage Area Network，IPSAN）时，使用存储交换机作为存储互连设备。E9000 可以通过交换板的以太网接口与存储设备相连，或者交换板的以太网口先连接存储 ToR 再与存储设备相连。RH 2288 通过存储网卡连接存储 ToR 再与存储设备相连。

3. 软件产品

FusionSphere 云操作系统基于 OpenStack 架构构建，在保证开放兼容的前提下，实现数据中心内各类软硬件资源的虚拟化，并提供统一的资源管理与调度能力，实现了 NFV 基础设施的服务化。其可帮助电信运营商实现基础设施与业务应用平台的资源整合与服务化改造；避免计算、存储、网络、安全等物理设备或虚拟化基础设施的厂商锁定；提升业务部署与运营维护效率，降低 TCO。

FusionSphere 解决方案基于 OpenStack 架构构建，消除了厂商锁定，实现了计算、存储、网络等方面的开放性；提供了标准的 OpenStack API，方便与第三方厂商产品进行对接和集成；采用了服务化架构（Service Oriented Architecture，SOA），以方便根据用户需求进行功能的扩展和裁剪；通过管理服务主备或者负载分担模式的部署来消除单点故障；管理数据采用主备方式存储，并定期备份，以确保数据的可靠性；将物理网络划分为多个逻辑平面，并采用 VLAN 方式进行隔离，以保证数据传输的可靠性和安全性。

FusionSphere 解决方案提供了虚拟 CPU 物理核绑定能力、多种虚拟机亲和性调度算法、弹性虚拟交换机（Elastic Virtual Switch，EVS）和单根输入/输出虚拟化（Single-Root I/O Virtualization，SRI/OV，也称为硬直通）网卡直通等高性能网络传输技术，以满足运营商级别的业务需求。同时，其提供了多种自动化运维能力，包括自动化并行安装部署、系统节点扩容部署、系统升级及补丁、系统状态监控与告警等，用以提升系统运维效率、降低运维人工成本。

FusionSphere OpenStack OM 提供了服务管理、服务自动化、资源和服务保证等功能，其可以作为统一的运维管理平台，提升运维操作的效率。其功能如下。

（1）提供统一的运维平台，可以管理物理服务器、网络设备、存储设备、虚拟资源，实现海量类型一站式管理。

（2）提供高效的运维管理手段，提升问题处理效率，缩减问题处理时间。例如，其提供的告警转短消息通知、告警转邮件通知、自动生成报表并邮件通知等功能，可以在问题发生时快速通知维护人员，从而快速响应、解决问题。

（3）提供先进的分析工具，方便预先判断故障；提供健康分析功能，能够实时监控并分析数据中心的资源使用状态，评估健康度和风险，协助客户主动运维。

CloudOpera CSM 是对 MANO VNFM 的实例化。CloudOpera CSM 简称 CSM，定位为虚拟化设备管理系统，是华为面向未来虚拟化网络管理的主要产品和解决方案，用于对 VNF 进行管理，具有虚拟化网元生命周期管理（Life Cycle Management，LCM）功能。CSM 既可以对接华为 VIM，也可以对接第三方 VIM。

CSM 提供了根据业务规划灵活地选择 VNF，并自动完成 VNF 在云环境上的部署的能力，减少了大量的人工、工具、文档等操作，提高了 VNF 部署的效率，支撑了电信云的快速商业化。CSM 提供了完善的 VNF 生命周期管理能力，包括 VNF 部署、VNF 监控、VNF 扩容、VNF 缩容、VNF 退网等功能，使用户可以非常方便地对 VNF 进行完整的生命周期管理。CSM 提供了精准的故障监控和定界能力，通过监控 NFVI 层上报的告警，可以快速定位故障 VNF 所在的物理主机，保持现有运维体验，使运维人员可以更加高效地完成对 I 层和网元故障的定位。CSM 具有友好的、交互性的 Web 界面，根据界面任务向导、提示信息、交互信息，用户可以自助完成 VNF 部署、VNF 扩容、VNF 缩容等操作及简单问题处理。同时，在主界面中可以直观地观察 VNF 部署、VNF 扩容、VNF 缩容的动态过程。

生命周期管理即 MANO 所提供的创建/维护/终止 VNF 的功能。LCM 包含的操作有实例化、扩缩容、终止 VNF。这几个操作对应为传统电信设备的上电/增删单板/下电操作。与传统设备所不同的是，在 NFV 架构下，LCM 的操作对象从一台台实际的硬件变成了由各种虚拟资源的集合体及虚拟机组成的 VNF。

以 VNF 实例化为例，它的创建步骤如下。

（1）上传虚拟网络功能描述符（Virtualized Network Function Descriptor，VNFD）文件、Guest OS 的 Image（镜像）文件和 VNF 软件包。

（2）VNFM 解析 VNFD，根据 VNFD 的描述，创建部署任务，向 VIM 申请虚拟资源。

（3）VIM 按照 VNFM 的资源要求（VNFM 从 VNFD 描述获得资源规格）逐一创建 VM。MANO 将不同类别和数量的 VM 集成为 VNF，即 VNFM 是以 VM 为单位去分配下发实例化任务的。

（4）在此过程中，当 VIM 收到 MANO 的指令创建 VM 时，会按照 OpenStack 所定义的虚拟资源各要素逐一检查 I 层资源池中是否有足够的虚拟资源可用。首先，检查 OpenStack 主控模块 Nova（OpenStack 计算服务），确定 VM 规格和计算资源，即 CPU 个数、内存和磁盘的大小；其次，检查 Glance（OpenStack 镜像管理服务）、Cinder（OpenStack 块存储服务）、Neutron（OpenStack 网络服务）所负责的镜像/块存储（卷）/网络资源是否满足条件。如果最后所有模块都能够分配到相应的资源，则 VIM 会要求 Nova 执行创建 VM 的操作。Nova 收到最后的确认指令后，会调用 Hypervisor Driver（虚拟化技术驱动程序，用于将 OpenStack 的指令转化为虚拟化层能识别的指令）通过相应的 Hypervisor（在 NFV 解决方案中，Hypervisor 的功能是由 KVM 实现）创建 VM。也就是说，从 VIM 的角度，它只能看到 VM 这个层面，而看不到 VNF，真正感知 VNF 的是 VNFM。

（5）VNF 被创建出来时，VNF 由一个个空的 VM 组成，上面除了 Guest OS（即 Linux 操作系统）外，没有其他功能软件，类似于传统网络中未安装功能软件的空单板，MANO 需要在每个 VM 启动后，根据其类别从安全文件传送协议服务器（SFTP Server）上下载相应的软件包，再安装业务软件。

（6）软件安装完成后，启动业务软件，完成整个实例化操作（所有单板的绿色指示灯亮起），MANO 通知 EMS VNF 实例化完成。

整个 VNF 生命周期中所定义的其他操作的实现步骤与实例化类似，即由 MANO 解析 VNFD（或者收到直接指令）、指挥相应的 VIM 对 I 层资源进行检查、I 层资源调度、VM 生成或者终止、VNF 状态改变、通知 EMS 等一系列标准子操作构成。

从上面的详细过程描述可以看出，在 NFV 的架构下，MANO 和传统的 EMS 是紧密结合的，MANO 负责虚拟资源、业务流的生命周期管理，当对应的操作对象(VNF/NS)状态被改变后，MANO 将会通知传统 EMS，并由 EMS 接手继续上层业务的管理。

3.4.2　DC 内部设备网络拓扑

在数据中心内部，不同类型服务器的实现方式也有所不同。图 3-13 所示为刀片式服务器 E9000 服务器的物理网络拓扑，其他 7 块服务器网络连接关系与 Blade1 一致。刀片式服务器 E9000 中每一块半宽服务器有两块 Mezz 卡，每个 Mezz 卡有两个物理端口，Mezz1 的两个物理端口通过背板分别连接交换板 2X 和 3X，Mezz2 的两个物理端口通过背板分别连接交换板 1E 和 4E，并设置为链路聚合控制协议（Link Aggregation Control Protocol，LACP）模式。2X 和 3X 两个交换板做堆叠，1E 和 4E 两个交换板做堆叠。同时，两台 ToR-业务、两台 ToR-维护、两台 ToR-存储分别做堆叠。Mezz1 卡承载 I 层管理和存储数据流，两种数据流通过 VLAN 二层隔离。交换板 2X 和 3X 的外出网口根据网口承载的业务分别连接 ToR-维护和 ToR-存储。Mezz2 承载 S 层业务数据流，交换板 1E 和 4E 的外出网口连接 ToR-业务，并设置为 LACP 模式。每台 E9000 服务器有两块管理单板，采用主备工作模式，每个管理单板上有一个硬件管理网卡，两个主备硬件管理网卡分别连接两个 ToR-维护。磁盘阵列存储数据平面，连接两个 ToR-存储，提供 VM 访问存储空间的通道；磁盘阵列存储管理平面连接两个 ToR-维护，实现对磁盘阵列的管理维护，如管理 IP 地址、监控、查看日志等。

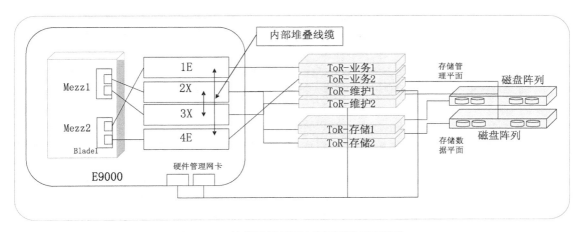

图 3-13　刀片式服务器 E9000 服务器的物理网络拓扑

图 3-14 所示为 DC2 中一台服务器的网络拓扑，DC2 中有 8 台 RH2288 机架式服务器，其他 7 台服务器的网络连接关系都与图 3-14 一致。服务器共有 7 张网卡，网卡 1、2 以负载均衡模式承载 S 层业务数据流，组成双平面并连接两个 ToR-业务，服务器上的所有 VM 的业务数据流都经过这两个物理网卡。网卡 3、4 也以负载均衡模式承载存储数据流，分别连接两个 ToR-存储，VM 对存储空间的访问都通过这两个网卡。网卡 5、6 以主备模式承载 I 层管理数据流，例如，对 OpenStack、VIM 的管理和操作维护是通过网卡 5 或网卡 6 实现的。网卡 7 实现对服务器硬件的管理维护，连接 ToR-维护。磁盘阵列存储数据平面连接两个 ToR-存储，存储管理平面连接两个 ToR-维护。

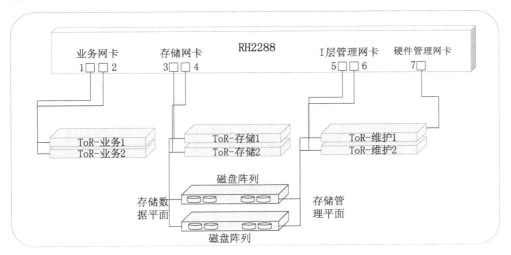

图 3-14　DC2 中一台服务器的网络拓扑

3.4.3　NFV 解决方案中的重要概念

NFV 解决方案中会用到许多概念，如 DC、AZ、VDC、VPC、HA 等，有时还会用到 Region 的概念。不同文献中对这些概念所表达的范围以及它们之间的关系表述都不同。那么，它们到底代表什么对象？表示多大的范围？如何规划呢？

在理解这些概念时，需要牢记云架构是从 IT 行业产生的，云架构的目的是将不同层次、不同粒度的 IT

能力以云的方式租售给云另外一端的用户。电信云作为运营商的私有云，这些概念是为了适应电信业务而定义的，与 IT 架构概念有些区别。

1. DC 和 AZ

DC 是物理数据中心，是物理位置上的概念。可用区（Availability Zone，AZ）是数据中心中有资源共同依赖的资源集合，例如，某些主机共同使用了一套电源、一套交换机，当电源或网络设备出现故障时，这部分资源全部不可用（Unavailable）了，那么这部分资源的集合就被称为一个 AZ。云提供者必须正确配置 AZ，不同的 AZ 不能共用网络和电源节点，否则租户上层业务会部署在不同的 AZ 中。在 NFV 的部署中，一个站点就是一个 DC、一个 AZ，它们在概念上是相等的。

2. VDC

虚拟数据中心（Virtual Data Center，VDC）是虚拟资源的集合，如图 3-15 中的 Srv_VDC01 和 Mgmt_VDC 所示。不同 VDC 之间虚拟资源相互隔离，各 VDC 独享硬件资源。在 NFV 的设计中，通常将业务网元和管理网元规划到不同的 VDC 中。在 IT 云架构下，VDC 是一个租户，租户的管理员可以在 VDC 上创建 VPC 并分配给不同的业务部门（不同子网），所以，VDC 相当于一个公司，VPC 相当于公司的职能部门，在一个 VDC 中可以创建多个 VPC。

3. VPC

虚拟私有云（Virtual Private Cloud，VPC）是公有云提供商隔离的特定部分，专供私人使用，如图 3-15 中的 Srv_VPC_IMS 和 Mgmt_VPC 所示。从 IT 角度看，VPC 是从云租户角度看到的网络子集。在 NFV 架构中，使用 VPC 这一级作为网元级别，即一个 VPC 对应一个传统网元，如 USN、UGW。由于 IMS 网元比较多，规划到一个 VPC 中便于管理，也可以理解为将一个操作维护单元（Operation and Maintenance Unit，OMU）所管理的网元规划到一个 VPC 中。EMS、VNFM 等管理类网元需要与业务网元隔离，故应规划到管理 VPC 中。VPC 中的虚拟网络同样隔离开，每个 VPC 中的虚拟网络只被本 VPC 中的网元使用。

4. HA

在云架构中，主机组（Host Aggregate，HA）是由相同硬件配置的主机的聚合（请注意 HA 与 High Availability 的区别）。不同的 VM 对硬件资源的要求不同，负责接入的 VM 需要强大的转发资源；负责信令处理的 VM 需要大量的计算资源；负责存储的 VM 需要大量的存储资源。可以将不同功能的硬件划分成不同的组。例如，图 3-15 中的 Mgmt_HA 主机组所包含的硬件拥有更多的存储空间，可以为网管网元存储大量系统日志和话务统计数据。在创建网管虚拟机时，可以引用该主机组作为硬件资源。一个 VM 只能选择一个 HA（即一种硬件模式），多个 VM 分布在对应的 HA 中，图 3-15 中的 vIMS01_OMU0 和 vIMS01_OMU1 就采用了主备部署模式，为提高网元可靠性分别部署在两个物理服务器中。但是一个 HA 可以为多个 VM 提供资源，只要在创建 VM 时，该主机组剩余的资源足够这个新 VM 使用即可。

5. VNF

VNF 由多个 VM 组成。VPC 对应传统架构的网元级别，处在 VPC 下一级的 VM 对应传统架构的进程组。完成接入、信令处理、存储的不同功能单元运行在不同的 VM 中。多个 VM 组成一个 VNF，集合起来实现一个网元功能。

上述概念中，除 HA 外，其他几个概念都是逻辑上的资源划分，所以，在 NFV 的规划部署中，从 DC 到 VM 再到 HA 的部署关系如图 3-15 所示。

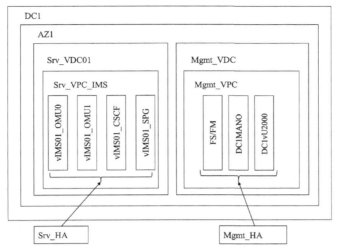

图 3-15　从 DC 到 VM 再到 HA 的部署关系

此外，还有一个概念——Region，即区域。Region 是表明数据中心的地理概念，和 DC 的含义基本一致。

3.4.4　NFV 项目安装部署过程

在 NFV 项目实施过程中，最重要的参考文档就是 NFV 低级别设计（Low Level Design，LLD，即网络详细设计）文件和 NFV 产品文档。计算资源、网络资源和存储资源的详细规划信息均在 LLD 文件中。项目端到端的安装部署步骤可以参考 NFV 产品文档。图 3-16 所示为端到端的安装部署步骤。

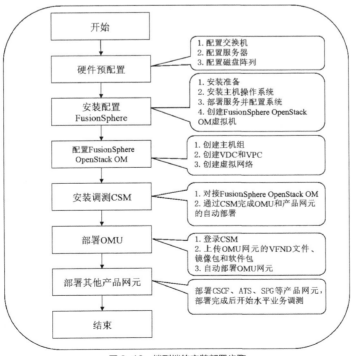

图 3-16　端到端的安装部署步骤

在硬件预配置中，需要配置服务器信息，如服务器的硬件维护 IP 地址、硬盘的独立冗余磁盘阵列（Redundant Array of Independent Disks，RAID）级别（一般两个硬盘组成 RAID1）、基本输入/输出系统（Basic Input Output System，BIOS）参数设置等信息，需要根据产品文档的要求进行配置。刀片式服务器需要配置交换板数据；磁盘阵列需要根据规划设计划分硬盘域和存储池，配置存储管理平面和存储数据平面的 IP 地址。交换机数据需要根据实际物理网络拓扑结构和规划配置相应的数据，包括交换机网卡的工作模式、VLAN 信息等。

硬件预配置完成后，开始进行软件的安装配置，包括安装配置 FusionSphere、配置 FusionSphere OpenStack OM、安装调测 CSM、部署 OMU 和部署其他产品网元。

1. 安装配置 FusionSphere

（1）使用安装工具安装主机操作系统，即 Host OS。

（2）分配角色，划分管理节点和业务节点，自动部署 OpenStack 的服务。OpenStack 采用集群部署模式，3 台物理服务器部署管理服务，组成管理集群；其他物理服务器部署计算服务，组成业务集群。

（3）配置 FusionSphere 参数，包括配置域名 az1.dc1.huawei.com 及 FusionSphere 业务的 IP 地址。

（4）配置 OpenStack 各个组件参数，对接磁盘阵列。

（5）选择两个管理节点，部署 FusionSphere OpenStack OM 虚拟机，其中，两个 FusionSphere OpenStack OM 虚拟机以主备模式部署。

2. 配置 FusionSphere OpenStack OM

（1）进入 FusionSphere OpenStack OM 界面进行数据配置，创建主机组 Mgmt_HA 和 Srv_HA，将对应主机添加到主机组中。

（2）创建卷类型，映射存储池到 FusionSphere OpenStack OM 中。

（3）分别创建虚拟数据中心 Srv_VDC01 和 Mgmt_VDC，配置虚拟资源限制，包括 vCPU、虚拟内存、虚拟磁盘、虚拟网络的容量上限，创建 VDC 管理员用户名和密码。

（4）使用 VDC 管理员身份登录 VDC，分别创建 Srv_VPC_IMS 和 Mgmt_VPC，配置 VPC 的资源限制，创建 VPC 内的虚拟网络。

3. 安装调测 CSM

（1）使用工具部署 CSM 虚拟机。选择 3 个管理节点，在 Mgmt_VDC 内创建 CSM 虚拟机，其中，两个 CSM 虚拟机以主备模式部署。

（2）进入 CSM 配置界面，对接 FusionSphere OpenStack OM。

（3）对接云资源，即对接 Srv_VDC01 和 Mgmt_VDC。

4. 部署 OMU

（1）进入 CSM 配置界面，部署 OMU 网元，上传 OMU 网元的 VNFD 文件、软件包和镜像包。

（2）选择 OMU 网元所属 HA 和 VPC，即 Srv_HA 和 Srv_VPC_IMS。

（3）选择 OMU 网元所属存储资源池。

（4）输入 OMU 的 IP 地址，自动部署网元，部署进度达到 100%时 OMU 网元部署完成。

5. 部署其他产品网元

重复部署 OMU 的操作步骤，部署其他产品网元，如 CSCF、ATS 和 SPG。

所有网元部署完成后，整个 NFV 垂直集成完成，之后进行水平集成，即 vIMS 业务调测，属于核心网工作内容。

3.5　本章小结

NFV 作为 5G 的关键技术，现阶段主要应用于云化核心网和边缘计算，未来会用于无线网络云化，是云化网络的基石。本章重点介绍了 NFV 的基本概念和网络架构，以及华为的 NFV 解决方案，同时，通过项目实例介绍了 NFV 的实现过程。

NFV 网络中包含的内容很多，如云操作系统、虚拟化技术、存储解决方案、网络虚拟化等，这些内容将在第 4 章中进行详细介绍。

课后练习

1.　选择题

（1）在 NFV 架构下，网络业务编排功能由 MANO 中的（　　　）模块实现。

    A.　VIM　　　　　　　　B.　VNFM　　　　　　C.　NFVO　　　　　　D.　VNF

（2）MANO 由 3 个模块组成，分别是 VIM、（　　　）和 NFVO。

    A.　VIM　　　　　　　　B.　VNFM　　　　　　C.　NFVO　　　　　　D.　VNF

（3）（　　　）不是 NFV 的分层架构带来的变化。

    A.　采购模式的变化：分层采购　　　　　　B.　建设方式的变化：多厂商集成

    C.　运维方式的变化：由人到工具　　　　　D.　业务的变化

（4）IMS 架构中用于保存用户的签约信息的网元是（　　　）。

    A.　移动性管理和会话管理　　　　　　　　B.　HSS

    C.　AS　　　　　　　　　　　　　　　　　D.　PCRF

（5）下列关于云分层实施策略描述错误的是（　　　）。

    A.　Cloud OS 分厂家，部署和维护较简单

    B.　Cloud OS 分厂家，资源可以做到统一管理和统一调度

    C.　Cloud OS 只有一家，部署和维护较复杂

    D.　Cloud OS 只有一家，资源可以做到统一管理和统一调度

（6）在华为 NFV 解决方案中，提供 VNFM 功能的软件是（　　　）。

    A.　FusionSphere　　　　　　　　　　　　B.　FusionManager

    C.　FusionStorage　　　　　　　　　　　　D.　CloudOpera CSM

（7）【多选】NFV 的特点包括（　　　）。

    A.　软硬件解耦

    B.　开放

    C.　自动化，完全自动远程将软件运营安装到通用硬件上并进行自动管理

    D.　承载方式多样

（8）【多选】NFV 网络相对传统网络的区别是（　　　）。

    A.　灵活快速部署　　　　　　　　　　　　B.　多种硬件设备共存

    C.　自动化 OAM　　　　　　　　　　　　D.　硬件归一化

（9）【多选】NFVI 包括（　　　）。

    A.　硬件　　　　　　　B.　Cloud OS　　　　　C.　VNF　　　　　D.　虚拟资源池

（10）【多选】分组域核心网的主要功能是（　　　）。

    A. 硬件　　　　　　　　　　　　　　B. 鉴权和签约数据管理

    C. 业务控制　　　　　　　　　　　　D. 数据的转发

2. 简答题

（1）简述 NFV 网络参考架构。

（2）简述 VIM 的功能。

（3）简述 VNFM 的功能。

（4）简述 NFVO 的功能。

（5）简述 NFV 的部署过程。

Chapter

4

第 4 章
电信云关键技术

随着 NFV、SDN 技术的日益成熟，信息和通信技术的融合转型已经成为运营商全面升级、开启全新业务模式的最佳选择。通过 NFV、SDN 等技术从业务、运营、架构等方面为运营商进行端到端的重构，可加速电信业务云化，从而应对数字世界的快速变化。云操作系统和虚拟化相关技术是构建电信云的基础。

本章将详细介绍云操作系统 OpenStack、计算虚拟化、存储虚拟化和网络虚拟化。

课堂学习目标

- 掌握云操作系统的概念和相关知识

- 掌握计算虚拟化、存储虚拟化、网络虚拟化的概念和相关知识

Communication

4.1 云操作系统与 OpenStack

在 NFV 网络的架构中，云操作系统起着至关重要的"承上启下"的作用。在详细了解云操作系统之前，先来回顾一下传统的操作系统。

传统操作系统是管理计算机硬件和软件资源、为计算机程序提供通用服务的系统软件。操作系统通过硬件驱动和库文件来对硬件进行抽象，屏蔽硬件的差异，为软件提供标准的接口和服务，使得应用软件能够运行在一个稳定的平台上。操作系统对硬件的抽象，使得应用程序开发人员可以专注软件功能，而不必关心硬件差异。操作系统同时提供了丰富的输入、输出功能，以及系统软硬件状态的监控功能。这些都是传统操作系统的功能。

云操作系统的功能与传统操作系统类似，也是对底层硬件进行抽象。但是与传统操作系统仅需管理单个计算机硬件不同的是，云操作系统需要对云计算中心的大量类型各异的硬件设备进行统一的抽象和管理，以供各类云应用软件调用。

本节先介绍云操作系统，再以典型的云操作系统 OpenStack 为例讲解云操作系统需要具备的基本功能。

4.1.1 云操作系统

云操作系统是运行于云计算和虚拟化环境中的一种操作系统。云操作系统对计算、存储和网络设备等硬件资源进行抽象，形成可以统一管理的资源池，并为上层应用提供统一、标准的接口。云操作系统同时管理着硬件资源的调配和软件进程的执行。因此，云操作系统不但具备传统操作系统的基本功能，还必须具备"云"的能力，即具有共享、弹性、快速部署和回收、可监控和测量等方面的功能。

云的商业本质是资源的远程调用、定制和共享。其中，"远程调用"要求云服务能提供基于网络的访问，在基础设施（Infrastructure）、平台（Platform）、软件（Software）3 个不同的层面提供相应的访问界面；"定制"要求实现资源的伸缩，不同层级均可作为服务进行开放，这部分通过虚拟资源的调度实现；"共享"要求云服务能够隔离不同用户，提供不同层级的资源以及管理对应层级资源的账号和权限。为实现这些功能，云操作系统结合了虚拟化和云化技术。其中，虚拟化即将硬件资源抽象为虚拟资源，将计算、存储和网络等硬件资源划分成更小的粒度；云化则是将小粒度的计算、存储和网络资源组合成 VM，提供给上层应用。

在云操作系统中，一般通过 Hypervisor（即虚拟化管理程序）实现虚拟化。典型的云计算架构如图 4-1 所示，可以发现，Hypervisor 是云操作系统的核心组件，是一种运行在物理服务器和 VM 操作系统之间的中间层软件，允许多个 VM 操作系统及其应用共享底层硬件资源。4.2.1 节将会对 Hypervisor 进行详细介绍。

在云操作系统中，一般通过另外一个重要的部分——"管理模块"来实现云化。云技术的本质是灵活的资源调度，能够实现资源的迁移、扩容和缩容，保证业务系统的连续性和可靠性，这部分能力需要通过"云化"技术来实现。根据架构设计的目标，云操作系统能够将来自不同服务器甚至不同数据中心的硬件资源虚拟化之后形成的虚拟资源组合成一个 VM，去承载上层的应用。通过这种方式，

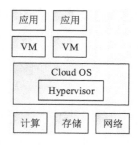

图 4-1 典型的云计算架构

应用可以架构在不同的硬件资源上。这些硬件资源来自不同的物理单板、主机，甚至数据中心。云操作系统的管理模块实现了虚拟资源的组合等功能。除了组合虚拟资源（即虚拟机的创建）外，云操作系统的管理模块还能够提供虚拟机的动态扩缩容、虚拟机的删除（即销毁）等功能，并提供虚拟资源的监控、管理等功能所需要的状态信息。云操作系统管理模块如图 4-2 所示。

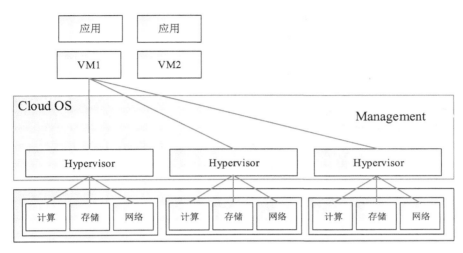

图 4-2　云操作系统管理模块

由图 4-2 可以发现，通过云操作系统中的 Hypervisor 实现虚拟化是云化的前提和关键。虚拟化将硬件资源抽象为虚拟资源，云化则将多个虚拟主机组合为容量更大的虚拟资源池，并统一管理和调度，组成 VM 的资源均来自虚拟资源池。云化与虚拟化并不总是相互依赖的，在某些场景下，云操作系统的管理组件也可以直接管理物理硬件，将某些特殊应用直接架构在物理设备上，而不再通过虚拟层。但在目前的云化架构下，VM 的资源均来自虚拟资源。所以，云操作系统离不开 Hypervisor，但 Hypervisor 可以不依赖云操作系统而独立运行。

管理单元和虚拟化单元 Hypervisor 共同构成了云操作系统。云操作系统通过 Hypervisor 进行虚拟化和抽象操作，通过管理组件对虚拟化后的资源进行组合和管理，组成虚拟机资源提供给上层客户机系统。由于 CT 领域对软硬件的可靠性要求很高，需要达到"5 个 9"的可靠性，所以原来在 IT 领域应用很广泛、很成熟的云操作系统，在 CT 领域需要进行二次开发，以增强其可靠性和安全性。

各通信设备提供商都基于开源或闭源的 Hypervisor 和管理组件推出了自己的云操作系统，例如，华为云操作系统采用的是基于 OpenStack 商业加固后的 FusionSphere 软件，而 VMware 采用的是其自研的 vSphere 等。

4.1.2　OpenStack 项目

OpenStack 是一个由 NASA（美国国家航空航天局）和 Rackspace（全球三大云计算中心之一）合作研发并发起、以 Apache 许可证（Apache 软件基金会发布的一个自由软件许可证）授权的自由软件和开放源代码项目。

OpenStack 是一个开源的云计算管理平台项目，由几个主要的组件组合起来完成具体的工作。OpenStack 包含了很多子项目，它不是一个软件，用户可以使用 OpenStack 来管理数据中心中大量的资源池。OpenStack 项目的目标是提供实施简

V4-1 OpenStack 项目

单、可大规模扩展、丰富、标准统一的云计算管理平台，该项目支持几乎所有类型的云环境。OpenStack 通过各种互补的服务提供了基础设施即服务的解决方案，每个服务提供 API 进行集成。

OpenStack 架构如图 4-3 所示。OpenStack 提供了 3 个共享服务（OpenStack Shared Service），分别是提供认证鉴权的 Keystone、提供镜像管理的 Glance 和提供计费配额监控等功能的 Ceilometer，这

些共享服务存在于 OpenStack 的 3 个支柱性组件（计算组件、存储组件和网络组件）中。这些共享服务使得 OpenStack 各个组件的融合以及 OpenStack 与外部系统的融合更加容易，为用户提供了统一的体验。

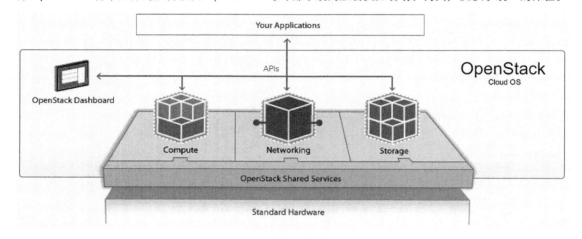

图 4-3　OpenStack 架构

下面将详细介绍 OpenStack 的设计思想、开发模式、社区发展现状和通用组件。

1. OpenStack 的设计思想

OpenStack 之所以能够取得快速的发展，除了有云计算技术和产业快速发展的大背景之外，其自身设计思想的独到之处也起到了有力的促进作用。OpenStack 的设计思想，总体上可以被概括为开放、灵活、可扩展。

（1）开放。

OpenStack 的开放基于其开源模式，这不仅体现在简单的源代码开放上，更体现在其设计、开发、测试、发布的全流程中。这种开源模式，总体上可以保证 OpenStack 不被个别人或企业所控制，在技术上不会走向封闭架构、封闭体系，从而始终呈现出良好的开放性。无论是北向的 API 标准开放，还是南向的各类软件、硬件自由接入，都是 OpenStack 开放性的充分体现。与此同时，OpenStack 也秉持了开源社区中"不重复发明轮子"的一贯理念，在设计中持续引入并充分重用各相关技术领域中的优秀开源软件，从而提升了设计与开发效率，并为软件质量提供了基本保证。

（2）灵活。

OpenStack 的灵活体现在其大量使用插件化、可配置的方式进行设计。尤其是 OpenStack 采用插件化的方式实现了不同类型的计算、存储、网络资源的接入，实现了 OpenStack 对不同类型资源的灵活接入与管理，使用一套架构实现了对不同厂商、不同类型设备的资源池化。例如，在计算领域，可以以插件化的形式接入 KVM（一个开源的系统虚拟化模块）、Xen（由剑桥大学开发一个开放源代码虚拟机监视器）、vCenter（集中管理 VMware 虚拟化环境的管理平台）、FusionCompute（华为自主开发的虚拟化引擎）等不同的 Hypervisor；在存储领域，可以以插件化的形式实现对不同厂商的存储设备，以及 Ceph（开源的分布式存储软件）、FusionStorage（华为自研的分布式存储软件）、vSAN（VMware 公司的分布式软件产品）等不同的软件定义存储的管理；在网络领域，可以实现对不同的网络硬件设备和虚拟化网络产品的接入，如 OvS、Linux-Bridge（一个虚拟网络设备，同时是一个虚拟交换机）、HAProxy（一款提供高可用性、负载均衡，以及基于 TCP 和 HTTP 的应用程序代理的自由及开放源代码软件）等开源网络组件，以及多种 SDN 控制器。此外，这些接入都是通过可配置的方式加以选择的。当在不同的资源之间进行选择时，

OpenStack 自身并不需要重新打包发布，只需通过配置项选择不同的接入插件即可，非常方便。在此基础上，OpenStack 的灵活还体现在不依赖于任何特定的商用软硬件上。换言之，任何商用软硬件产品在 OpenStack 中一定是可选、可替换的，从而严格保证了用户可以使用完全开源、开放的方案来构建基于 OpenStack 的云计算系统，而完全不必担心被锁定在某些特定厂商的产品之上。

（3）可扩展。

OpenStack 的架构高度可扩展。其可扩展性体现在功能和系统规模两个方面。

从功能视角来看，OpenStack 由多个相互解耦的项目组成，不同的项目分别完成云计算系统中的不同功能，对外提供不同类型的服务，如身份认证与授权服务、计算服务、块存储服务、网络服务、镜像服务、对象存储服务等。对于一个特定场景下的云计算系统，系统设计人员可以根据实际需求决定使用 OpenStack 中的哪几个项目，也可以在系统上线后，根据需求继续引入新的 OpenStack 项目。OpenStack 的一些项目自身也具有功能可扩展性。系统设计人员可以在这些项目中引入新的功能模块，在不影响项目既有功能使用的前提下，对其功能进行扩展。

从系统规模视角来看，OpenStack 总体上遵循了无中心、无状态的架构设计思想。其主要项目均可实现水平扩展，以应对不同规模的云计算系统建设需求。在系统建成后，可根据应用负载规模的实际增长，通过增加系统管理节点和资源节点的方式，逐渐扩展系统规模。这种架构可以有效地避免高额的初始建设投资，也降低了系统初始规划的难度，为云计算系统的建设者和运营者提供了充分的扩展空间。

2. OpenStack 的开发模式

前已述及，OpenStack 采用了完全开放的开发模式，由数以千计的社区贡献者通过互联网协作的方式，共同完成各个项目的设计、开发、测试和发布。

具体而言，OpenStack 社区以 6 个月为一个版本的开发与发布周期，分别于每年 4 月和 10 月发布新的 OpenStack 版本。每个新版本发布之后约 3 周，社区会举行一次 OpenStack 设计峰会，以便开发者集中讨论新版本应优先引入的特性，或应集中解决的问题。其后，社区将进入为期约 5 个月的开发和测试阶段，直至新的版本发布。

OpenStack 各个项目统一遵循 Apache 2.0 开源许可证，对于商业应用非常友好。OpenStack 各项目以 Python 为首选开发语言，各个项目的核心代码均使用 Python 语言实现。

3. OpenStack 的社区发展现状

自 2010 年成立以来，OpenStack 社区始终保持着高速发展的态势，目前已经成为仅次于 Linux 的世界第二大开源软件社区，不得不让人惊叹开放的云计算技术所具有的强大魅力。在过去的几年，OpenStack 社区的各项主要贡献指标呈现出快速上升的总体趋势，这种趋势从 OpenStack 峰会参会人数的爆炸式增长就可以看出。2010 年 OpenStack 首届峰会举办时，仅有 75 人参与，而到了 2016 年 4 月举办峰会时，参会人数已高达 7500 人。不到 6 年的时间，参会人数激增，由此不难看出 OpenStack 社区的巨大影响力与凝聚力。2010 年，OpenStack 社区首次发布其第一个版本——Austin 时，OpenStack 仅包含两个项目 Nova 和 Swift，仅能实现非常简单和基础的功能。时至今日，OpenStack 已经日渐成熟和强大，其组成项目也已经大大增多，仅包含在 Mitaka 版本中的服务项目就多达 29 个。各个项目各司其职、分工合作，共同形成了一个架构灵活、功能丰富、扩展性强的云操作系统框架。

4. OpenStack 的通用组件

OpenStack 从 Juno 版本开始，基本涵盖了十大通用组件，下面将分别介绍这十大通用组件。

（1）提供身份认证与授权服务的 Keystone。

将计算、存储、网络等各种资源，以及基于上述资源构建的 IaaS、PaaS、SaaS 服务，在不同的用户间共享，让众多用户安全地访问和使用同一个云计算系统，是一个云操作系统的基本能力。实现这个能力的基础，就是要提供安全可靠的身份认证与授权服务。而 Keystone 即是 OpenStack 的身份认证与授权服务项目。

Keystone 负责对用户进行身份认证，并向被认定为合法的用户发放令牌（Token）。用户持 Keystone 发放的令牌访问 OpenStack 的其他项目，以使用其提供的服务。而各个组件中内嵌的令牌校验和权限控制机制，将与 Keystone 配合实现对用户身份的识别和权限级别的控制，保证只有恰当的用户才能够对恰当的资源实施恰当的操作，以此保证对不同用户资源的隔离与保护。

（2）提供计算服务的 Nova。

向用户按需提供不同规格的虚拟机，是一个云操作系统最为基础的功能。而 Nova 即是 OpenStack 中负责提供此类计算服务的项目。

Nova 的核心功能是对大量部署了计算虚拟化软件（即 Hypervisor）的物理服务器进行统一管理，组合为一个具有完整资源视图的逻辑资源池。在此基础上，Nova 通过接收不同用户发起的请求，对资源池中的资源进行生命周期管理。其中，最为核心的是虚拟机的创建、删除、启动、停止等操作。通过执行客户发起的虚拟机创建操作，Nova 将逻辑资源池中的 CPU、内存、本地存储、输入/输出（I/O）设备等资源，组装成不同规格的虚拟机，再安装上不同类型的操作系统，最终提供给用户使用，以满足用户需求。

除了虚拟机资源管理服务能力之外，Nova 还通过与 Ironic 项目相配合，共同为用户提供裸机资源管理服务能力。具体而言，Nova 可以接收用户发起的裸机资源申请，调用 Ironic 项目的对应功能，实现对裸机的自动化选择、分配与操作系统的安装部署，从而使用户获得与虚拟机资源使用体验相当的物理机资源使用体验。

（3）提供裸机管理能力的 Ironic。

Ironic 通过与 Nova 相配合，共同为用户提供裸机服务能力。

在实际工作中，Ironic 直接负责对物理服务器进行管理。一方面，在物理服务器被纳入资源池之中时，Ironic 负责记录物理服务器的硬件规格信息，并向 Nova 上报；另一方面，在用户发起裸机管理操作时，Ironic 负责根据 Nova 的指令，对相应的物理服务器执行具体的管理操作。例如，当用户发起一个创建裸机的操作时，Ironic 需要根据 Nova 调度的结果，对选定的物理服务器执行硬件初始化配置、操作系统安装等一系列具体操作，以完成裸机创建操作。

（4）提供镜像服务的 Glance。

通常，在虚拟机被创建之后，需要为其安装一个操作系统，以便用户使用。为此，云计算系统中往往需要预置若干个不同种类、不同版本的操作系统镜像，以便用户选用。此外，在一些应用场景下，为进一步方便用户，镜像中还需要预装一些常用的应用软件，这将进一步增加镜像的种类与数量。为此，云操作系统必须具备镜像管理服务能力。Glance 即是 OpenStack 中的镜像服务项目。

Glance 主要负责对系统中提供的各类镜像的元数据进行管理，并提供镜像的创建、删除、查询、上传、下载等功能。但在正常的生产环境下，Glance 本身并不直接负责镜像文件的存储，而是仅负责保管镜像文件的元数据，本质上是一个管理前端。Glance 需要与真正的对象存储后端对接，才能共同提供完整的镜像管理与存储服务功能。

（5）提供对象存储服务的 Swift。

对象存储服务是云计算领域中一种常见的数据存储服务，通常用于存储单文件数据量较大、访问不甚频繁、对数据访问延迟要求不高、对数据存储成本较为敏感的场景。Swift 即是 OpenStack 中用于提供对象存储服务的项目。

与 OpenStack 中大部分只实现控制功能、不直接承载用户业务的项目不同，Swift 本身实现了完整的对象存储系统功能，甚至可以独立于 OpenStack，被单独作为一个对象存储系统加以应用。此外，在 OpenStack 系统中，Swift 也可以被用作 Glance 项目的后端存储，负责存储镜像文件。

（6）提供块存储服务的 Cinder。

在典型的基于 KVM 虚拟化技术的 OpenStack 部署方案中，Nova 创建的虚拟机默认使用各个计算节点的本地文件系统作为数据存储。这种数据存储的生命周期与虚拟机本身的生命周期相同，即当虚拟机被删除时，数据存储也随之被删除。如果用户希望获得生命周期独立于虚拟机，且能够持久存在的块存储介质，则可以使用 Cinder 提供的块存储服务，也称为卷服务。

Cinder 负责将不同的后端存储设备或软件定义存储集群提供的存储功能，统一抽象为块存储资源池，并根据不同需求划分为大小各异的卷，分配给用户使用。

用户在使用 Cinder 提供的卷时，需要使用 Nova 提供的功能，将卷挂载在指定的虚拟机上。此时，用户可以在虚拟机操作系统内看到该卷对应的块设备，并加以访问。

（7）提供网络服务的 Neutron。

网络服务是任意云操作系统提供 IaaS 能力的关键组成部分。只有基于稳定、易用、高性能的云上虚拟网络，用户才能将云计算系统提供的各类资源和服务功能组合为真正满足需求的应用系统，以解决自身的实际业务需求。

Neutron 是 OpenStack 中的网络服务项目。Neutron 及其自身孵化出来的一系列子项目，共同为用户提供了从开放系统互连（Open System Interconnection，OSI）参考模型 7 层架构中第二层（Layer 2）到第七层（Layer 7）上不同层次的多种网络服务功能，包括 Layer 2 组网、Layer 3 组网、内网 DHCP 管理、Internet 浮动 IP 管理、内外网防火墙、负载均衡、VPN 等。整体而言，Neutron 的 Layer 2、Layer 3 服务功能已经较为成熟。时至今日，Neutron 已经取代了早期版本中的 Nova-Network，成为 OpenStack 中 Layer 2、Layer 3 的主流虚拟网络服务实现方式。同时，Neutron 的 Layer 4~Layer 7 服务功能也在迅速发展中，目前已初步具备应用能力。

注意，OpenStack 的域名服务（Domain Name Service，DNS）功能，并未包含在 Neutron 项目的功能范围当中，而是由另一个单独的项目 Designate 负责实现。

（8）提供资源编排服务的 Heat。

云计算的核心价值之一在于 IT 资源与服务的管理和使用的自动化。换言之，在引入云计算技术之后，大量在传统 IT 领域中需要依靠管理人员或用户人工实现的复杂管理操作，可以通过调用云操作系统提供的 API，以程序化的方式自动完成，显著提高了 IT 系统管理的效率。

在上述提及的 IT 领域的复杂管理操作中，用户业务应用系统的生命周期管理操作，即应用系统的安装、配置、扩容、撤除等，可谓是最具代表性的一类。这类操作复杂、耗时、耗力，在当前不断出现的业务快速上线、弹性部署的诉求下，已经表现出明显的不适应性。

Heat 项目的出现，即是为了在 OpenStack 中提供自动化的应用系统生命周期管理功能。具体而言，Heat 能够解析用户提交的、描述应用系统对资源类型、数量、连接关系要求的模板，并根据模板要求，调用 Nova、Cinder、Neutron 等项目提供的 API，自动实现应用系统的部署工作。这一过程高度自动化、程序化。同样的模板，可以在相同或不同的基于 OpenStack 的云计算系统上重复使用，从而大大提高了应用系统的部署效率。

在此基础上，Heat 还可以与 OpenStack Ceilometer 项目的 Aodh 子项目相配合，共同实现应用系统的自动伸缩功能。这进一步简化了部分采用无状态、可水平扩展架构的应用系统的管理，具有典型的云计算服务特征。

（9）提供监控与计量的 Ceilometer。

在云计算系统中，各类资源均以服务的形式向用户提供，用户也需要按照所使用资源的类型和数量缴费。这种基本业务形态，就要求云操作系统必须能够提供资源用量的监控与计量能力，这正是 OpenStack 引入 Ceilometer 项目的根本动机。

Ceilometer 项目的核心功能是以轮询的方式收集不同用户所使用的资源类型与数量信息，以此作为计费的依据。在此基础上，Ceilometer 还可以利用收集的信息，通过 Aodh 子项目发送告警信号，触发 Heat 项目执行弹性伸缩功能。

注意，Ceilometer 项目自身并不提供计费能力。系统设计者需要将其与适当的计费模块相对接，才能实现完整的用户计费功能。

（10）提供图形界面的 Horizon。

Horizon 项目是 OpenStack 社区提供的图形化人机交互界面。经过 OpenStack 社区长期的开发和完善，Horizon 界面简洁美观、功能丰富、易于使用，可以满足云计算系统管理员和普通用户的基本需求，适合作为基于 OpenStack 的云计算系统的基本管理界面。

此外，Horizon 的架构高度插件化，灵活而易于扩展，便于有定制化需求的系统设计人员针对具体场景进行增量开发。

4.1.3　华为云 Stack 解决方案

华为 FusionSphere 云操作系统解决方案基于 OpenStack 架构，在保证开放、兼容的前提下，实现数据中心内各类软硬件资源的虚拟化，并提供统一的资源管理与调度功能，实现了 NFV 基础设施的服务化。图 4-4 中的相关术语可以参照 3.2 节中的介绍。该系统的最新版本更名为华为云 Stack。

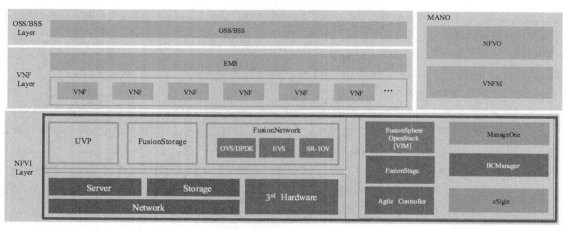

图 4-4　华为云 Stack 平台

华为云 Stack NFVI 层如图 4-4 中的 NFVI Layer 所示，该平台的相关部件和适用场景如表 4-1 所示。

表 4-1　华为云 Stack 平台的相关部件和适用场景

场　　景	相关部件	说　　明
云管理	FusionSphere	华为 FusionSphere OpenStack 云平台软件
		华为 FusionSphere OpenStack OM 维护管理软件
	ManageOne	华为 ManageOne 运营运维管理软件
	BCManager	华为 BCManager 保护容灾管理软件
	FusionStage	华为云容器引擎
	eSight	华为 eSight 综合监控管理软件
计算	Server	华为刀片、机架式服务器（或者第三方厂商硬件）
	UVP	华为基于 KVM 的虚拟化软件
存储	Storage	华为 OceanStor 系列存储（或者第三方厂商硬件）
	FusionStorage	华为分布式云存储
网络	Network	华为数据中心交换机
	FusionNetwork	FusionNetwork 作为 OpenStack Neutron 的补充，提供网络运维服务。OvS/EVS/SR-IOV 技术会在 4.4 节中讲解
	Agile Controller	华为 Agile Controller-DCN SDN 网络控制器软件

下面对表 4-1 中的华为云 Stack 平台的重要部件进行介绍。

（1）Cloud OS（FusionSphere OpenStack）：华为基于 OpenStack 架构进行增强、加固后的企业版本，对外展现统一的 RESTful（RESTful 是一种软件架构风格，注意，其是设计风格而不是标准，它只是提供了一组设计原则和约束条件。其主要用于客户端和服务器交互类的软件）接口，完全兼容 OpenStack 接口标准。其中，FusionSphere OpenStack OM 是其维护管理软件。

（2）云管理软件（ManageOne）：包括运营面和运维面两个模块。在运营面，其提供云和非云资源统一编排和自动化管理功能，包括可定制的异构云平台支持功能、多资源池策略设置和服务编排功能、企业服务集成功能，以及资源自动化发放功能；在运维面，其提供场景化的运维操作和可视化的状态、风险、效率分析。

（3）计算模块：华为统一虚拟化平台（Unified Virtualization Platform，UVP）是华为提供的虚拟化软件，主要负责硬件资源的虚拟化，进而提供对应的计算能力。

（4）存储模块：FusionStorage 是华为提供的分布式云存储软件，在通用 X86 服务器上部署后，它会将所有服务器的本地硬盘组织成一个虚拟存储资源池，提供块存储功能。同时，可以根据业务需求采用华为 OceanStor 系列存储产品提供存储资源。

（5）网络模块（FusionNetwork）：由传统的虚拟交换向未来的软件定义网络方案演进，通过虚拟扩展局域网（Virtual eXtensible Local Area Network，VXLAN）的二层隧道封装协议，配合华为 SDN 控制器完成 SDN 的自动化配置部署，满足 SLA 的服务质量控制，以及多租户隔离和分层。

（6）监控软件（eSight）：提供硬件设备告警、性能、监控、拓扑等运维功能，也可以管理 FusionSphere、vCenter 服务器、数据中心的虚拟资源及物理资源等。

图 4-5 所示为运营商采用华为云 Stack 解决方案构建单区域（也称为 Region，一般指地理位置不同的物理区域）场景的典型架构，在小规模的测试点做云化初级阶段改造的场景下，运营商可基于该场景将传统网络中的部分业务切换到云平台，实现云化战略部署。后续可基于该场景实现单 Region 到多 Region 的扩容，IT/CT 的融合加速了电信云的演进。其中，身份识别和访问管理（Identity and Access Management，IAM）是面向企业租户的安全管理服务，包括对公共电信云（Open Telekom Cloud，OTC）系统服务的访问控制、权限分配和访问策略管理。

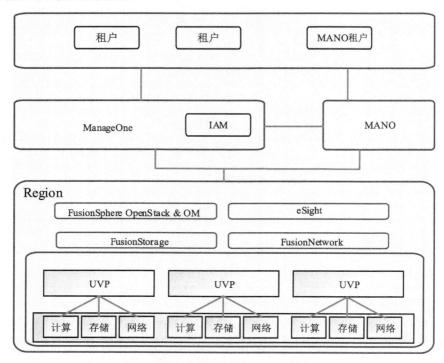

图 4-5　运营商采用华为云 Stack 解决方案构建单区域场景的典型架构

如果运营商云资源后续扩容到多数据中心，则依然可以通过云管理软件 ManageOne 进行资源的统一整合、统一管理，最终实现多数据中心的统一运营和统一运维。多个 Region 的资源可以共享，租户可以根据各 Region 的资源占用情况选择对应的 Region 部署业务网元，提高资源的利用率。

4.2　计算虚拟化

虚拟化解决了"将大分小"问题，即将粗粒度资源分割为众多细粒度资源，使得整块的资源可以分给不同的功能和用户。当今的 IT 服务器，已经走在虚拟化的路上，虚拟化通过 Hypervisor 层将能力和功能（分别指能够支持虚拟化和能够以虚拟化的方式提供服务）分开，屏蔽了硬件的差异，使得功能可以在不同类型的硬件之间快速复制，实现了业务能力的快速迁移。

4.2.1　计算虚拟化的架构

所有计算应用（含操作系统），并非直接承载在服务器硬件平台上，而是承载在上层软件与服务器硬件之间的弹性计算资源管理及虚拟化软件上。弹性计算资源管理软件对外提供弹性计算资源服务管理 API，对内根据用户请求调度分配具体物理机资源；虚拟化软件（Hypervisor）对所有的 X86 指令进行截获，并在不为上层软件（含 OS）所知的多个执行环境中并行执行"仿真操作"，使得以每个上层软件实例的视角来看，其仍然独占底层的 CPU、内存及 I/O 资源；而以虚拟化软件的视角来看，则是将服务器硬件在多个 VM 之间进行时间和空间维度的穿插共享（方式包括 CPU 时间片调度、内存页表划分、I/O 多队列模拟等）。计算虚拟化架构如图 4-6 所示。

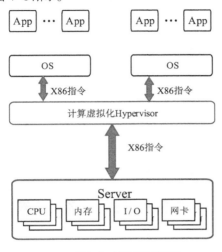

V4-2　计算虚拟化

图 4-6　计算虚拟化架构

由此可见，Hypervisor 本身是一层介于 VM 的 OS 与服务器硬件之间的附加软件层，因此将不可避免地带来性能上的损耗。然而，随着云计算大规模商用化的到来，以及计算虚拟化应用的进一步普及，越来越多的计算性能敏感型和事务型的应用逐步被从物理机平台迁移到虚拟化平台之上，对进一步降低计算虚拟化层的性能开销提出了更高的要求。典型的增强技术如下。

（1）虚拟化环境下更高的内存访问效率。应用感知的大内存业务映射技术，通过该技术，可有效提高从虚拟机线性逻辑地址到最终物理地址的映射效率。

（2）虚拟化环境下更高的 CPU 指令执行效率。通过对机器码指令执行流程进行优化扫描，同时对相邻执行代码段中"特权"指令所触发的"VM_Exit"（非根模式下敏感指令引起的"陷入"）虚拟化仿真操作进行了同样效果操作的"合并"，从而达到在短时间内被反复执行的目的。由于每次 VM_Exit 上下文进入和退出的过程都需要涉及系统运行队列调度以及运行环境的保存和恢复，因此可将多次上下文切换合并为一次切换，从而达到提升运行效率的目的。

（3）虚拟化环境下更高的 I/O 和网络包收发处理效率。由于多个虚拟机在一个物理机内需要共享相同的物理网卡进行分组包收发处理，为有效减少中断处理带来的开销，在网络及 I/O 收发包过程中，通过将小尺寸分组包合并为更大尺寸的分组包，可以减少网络收发端的中断次数，从而达到提高虚拟机之间网络吞吐率的目的。

（4）更高的可靠性、可用性、可服务性（Reliability，Availability and Serviceability，RAS）保障。针对云计算所面临的电信领域网络及业务云化的场景，由于硬件故障被虚拟化层屏蔽了，使得物理硬件的故障无法像在传统物理机运行环境中那样直接被传送给上层业务软件，导致上层业务层无法对故障做出秒级以内的及时响应，从而降低了整体可靠性水平。如何感知上层的业务要求，快速进行故障检测和故障恢复，保证业务不中断，是计算虚拟化所面临的挑战。

下面将介绍 Hypervisor 的概念，以及 Xen 和 KVM 两种虚拟化技术。Hypervisor 是逻辑概念，而 Xen

和 KVM 是两种实现虚拟化的技术，Hypervisor 与 Xen 和 KVM 的关系类似于 OS 与 Windows 和 Linux 的关系。

1. Hypervisor 概述

Hypervisor 是一种运行在物理服务器和操作系统之间的中间软件层，可允许多个操作系统和应用共享同一套物理硬件。它可以协调访问服务器上的所有物理设备和虚拟机，也被称为虚拟机监视器（Virtual Machine Monitor，VMM）。Hypervisor 的基本功能是提供在中断的情况下支持多工作负载迁移的能力。当服务器启动并执行 Hypervisor 时，它会给每一台虚拟机分配适量的内存、CPU、网络和磁盘等物理资源，并加载所有虚拟机的客户操作系统。

X86 操作系统是直接运行在裸硬件设备上的，因此操作系统自动认为其自身完全占有计算机硬件。X86 架构提供 4 个特权级别给操作系统和应用程序来访问硬件，用 Ring 来表示 CPU 的运行级别，Ring0 是最高级别，Ring1 次之，Ring2 和 Ring3 以此类推。就 Linux 与 X86 的组合来说，操作系统（内核）需要直接访问硬件和内存，因此它的代码需要运行在最高运行级别的 Ring0 上，这样它可以使用特权指令，如控制中断、修改页表、访问设备等。应用程序的代码运行在最低运行级别的 Ring3 上，不能做受控操作。如果要做受控操作（如访问磁盘），则需要通过执行系统调用（函数）来实现。执行系统调用的时候，CPU 的运行级别会发生从 Ring3 到 Ring0 的切换，并跳转到系统调用对应的内核代码位置执行，内核完成了设备访问之后，再从 Ring0 返回 Ring3。这个过程也被称作用户态和内核态的切换。虚拟化在这里会遇到一个难题，因为宿主操作系统是工作在 Ring0 上的，客户操作系统不能也工作在 Ring0 上，但是它不知道这一点，还会像以前一样执行指令，而没有执行权限会导致错误，所以 Hypervisor 需要避免这种情况的发生。

虚拟机可以通过 Hypervisor 实现 Guest OS 对硬件的访问，实现技术根据其原理的不同分为两种，即全虚拟化和半虚拟化。这两种技术的区别如图 4-7 所示。

图 4-7　全虚拟化和半虚拟化技术的区别

全虚拟化主要是 Hypervisor 在 Guest OS 和硬件之间捕捉指令，当遇到特权指令时通过 VMCall（用于引发一个 VM_Exit 事件以返回到 VMM）切换到 Hypervisor 的 ROOT 模式执行，使 Guest OS 无须修改即可运行特权指令。Hypervisor 执行完特权指令后，通过 VMLaunch 即可返回 Guest OS。CPU 需要在两种模式之间切换，这会带来性能开销；但是，其性能逐渐逼近半虚拟化。全虚拟化方式是业界现今最成熟和最常见的一种方式，知名的产品有 VMware ESXi、Microsoft Hyper-V、KVM 等。

半虚拟化的思想是修改 Guest OS 内核，替换掉不能虚拟化的指令，通过超级调用（Hypercall）直接和底层的虚拟化层 Hypervisor 通信，Hypervisor 同时提供了超级调用接口来满足其他关键内核操作，如内存管理、中断和时间保持。通过这种方法将无须重新编译或捕获特权指令，使其性能非常接近物理机。半虚拟化最经典的产品就是 Xen。因为微软的 Hyper-V 所采用的技术和 Xen 类似，所以也可以将 Hyper-V 归属于半虚拟化。

目前，市场上各种 Hypervisor 的架构存在差异，3 类主要的虚拟化架构是裸机型、主机/托管型、容器/操作系统型，如图 4-8 所示。其中，前两种较为常见。

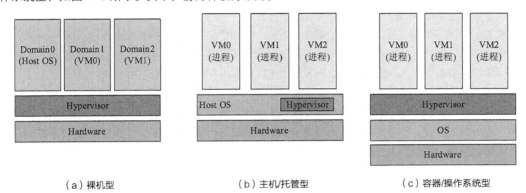

（a）裸机型　　　　　　　　　（b）主机/托管型　　　　　　（c）容器/操作系统型

图 4-8　3 类主要的虚拟化架构

裸机型 Hypervisor：这种类型最为常见，直接安装在硬件计算资源上，直接管理和调用硬件资源，不需要底层操作系统，可以理解为 Hypervisor 被设计成了一个很薄的操作系统。主流的虚拟化产品都使用裸机型的 Hypervisor，包括 VMware ESX Server、Microsoft Hyper-V 和 Citrix XenServer 等。这种架构的性能处于主机虚拟化和操作系统虚拟化之间。

主机/托管型 Hypervisor：运行在基础操作系统上，构建出一整套虚拟硬件平台（包含 CPU、Memory、Storage、Adapter 等），使用者可以根据需要安装新的操作系统和应用软件，底层和上层的操作系统可以不同，如在 Windows 中运行 Linux 操作系统。在这种架构中，VM 的应用程序调用硬件资源的顺序是 VM 内核→Hypervisor→主机内核。使用这种架构的虚拟化产品有 Hitachi Virtage、VMware ESXi 和 Linux KVM（基于内核的虚拟机）等。

容器/操作系统型 Hypervisor：这种架构不常用。虚拟机运行在传统操作系统上，创建了一个独立的虚拟化实例（即容器），指向底层托管操作系统。其优点是性能最好，耗费资源最少；缺点是操作系统唯一，如果底层操作系统是 Windows，那么虚拟专用服务器（Virtual Private Server，VPS）或虚拟环境（Virtual Environment，VE）都要运行 Windows。这类架构的虚拟化产品有 Parallels 公司的商用产品 Virtuozzo 和开源项目 OpenVZ。

2. Xen 虚拟化技术

Xen 是由剑桥大学计算机实验室开发的一个开源项目，可以直接运行在计算机硬件上，并且可以并发地支持多个客户操作系统。Xen 能够支持多种处理器，如 X86、X86-64、Power PC 和 ARM 等，所以其可以运行在较多种类的设备上。目前 Xen 支持的客户操作系统有 Linux、NetBSD、FreeBSD、Solaris、Windows 和其他常用的操作系统。Xen 包含 3 种基本组件，分别是 Hypervisor、Domain 0 和 Domain U。Hypervisor 运行在物理硬件上，承载所有的客户操作系统，主要负责向物理硬件设备上的所有的操作系统提供 CPU 调度和内存分配等功能。Hypervisor 隔离了物理硬件和操作系统，从而提高了客户操作系统的安全性。

Domain 0 运行在 Hypervisor 上，是 Xen 的管理员，具有直接访问硬件和管理其他客户操作系统的权限。Domain 0 中存在两个基本的驱动，分别是网络驱动程序和块存储驱动程序。网络驱动程序能够直接与本地的网络硬件进行通信，处理客户操作系统的网络请求。同样，块存储驱动程序也能够与本地的存储设备通信，处理客户操作系统的数据读写请求。Domain U 运行于 Hypervisor 上，是 Xen 虚拟环境中的客户虚拟机。Domain U 上运行的客户机有两种，一种是半虚拟化客户机，另一种是完全虚拟化客户机。半虚拟化客户机上运行的操作系统是经过修改的；而完全虚拟化客户机上的操作系统是未被修改的标准的操作系统。Xen 虚拟环境中可以同时运行多个 Domain U。

目前 Xen 支持 3 种虚拟化方案，分别是超虚拟化、完全虚拟化和 I/O 半虚拟 CPU 完全虚拟化方案。在超虚拟化方案中，客户虚拟机操作系统可以感知自己的运行环境不是物理硬件，且在 Hypervisor 中可以感知到其他的客户虚拟机。客户虚拟机的操作系统为了能够调用 Hypervisor，需要对操作系统进行专门的修改，将修改后的操作系统移植到 Xen 架构中，才能够运行在客户虚拟机上。在完全虚拟化方案中，客户虚拟机操作系统所感知的运行环境始终是物理硬件，并且无法感知到相同环境下其他正在运行的客户虚拟机，所有客户虚拟机上运行的都是标准的、不需要修改的操作系统。而第三种方案则是前两种方案的结合，即在完全虚拟化的客户虚拟机上安装使用特殊的超虚拟化设备驱动。因为超虚拟化的设备驱动具有更好的性能，所以此方案能够使完全虚拟化的客户虚拟机具备更好的性能。

3. KVM 虚拟化技术

KVM 是基于 Linux 内核的开源的虚拟化解决方案。KVM 从 2.6.20 版本开始被合入 Kernel 主分支维护，成为 Linux 的重要模块之一，截到目前已经实现了对 X86、S390 和 PowerPC 等体系结构的支持。而在电信云场景中主要使用的即是 KVM 虚拟化技术。

KVM 本身只能够提供 CPU 虚拟化和内存虚拟化等部分功能，而其他设备的虚拟化和虚拟机的管理工作需要依靠 QEMU（Quick EMUlator，一款免费的、开源的、可进行硬件虚拟化的软件）来完成。KVM 架构如图 4-9 所示。在 KVM 虚拟化环境中，一个虚拟机本质上是一个传统的 Linux 进程，该进程运行在 QEMU-KVM（一种用于优化 KVM 性能的技术）进程的地址空间中。KVM 和 QEMU 相结合，一起向用户提供完整的虚拟化平台。在 KVM 虚拟化方案中，可以通过在 Linux 内核中增加虚拟机管理模块，直接使用 Linux 操作系统中非常成熟、完善的模块和机制，如内存管理和进程调度等，从而使 Linux 内核成为能够支持虚拟机运行的 Hypervisor。

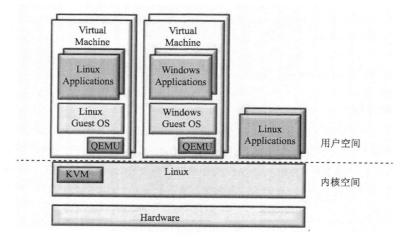

图 4-9　KVM 架构

KVM 虚拟化方案中使用了 VT-X（英特尔提出的基于 X86 平台的硬件辅助虚拟化技术）的虚拟机扩展（Virtual Machine eXtension，VMX）模式。在这种模式下，CPU 具有根模式和非根模式两种操作模式，而每种操作模式又分别具有独立的 Ring0 和 Ring3。在 KVM 虚拟化场景中，KVM 主机在根模式下运行，主机的 Kernel 处于 Ring0 级别，而用户态程序处于 Ring3 级别。客户虚拟机运行在非根模式下，其中，Kernel 运行在非根模式中的 Ring0 上，而其他用户态程序在 Ring3 上运行。当处于非根模式中的主机（即客户虚拟机）执行敏感指令的时候，会触发 VM-Exit，CPU 会从非根模式切换到根模式，即 KVM 主机会进行接管，对敏感指令进行一系列的处理。同样，也存在从根模式到非根模式的 VM-Entry 切换，这种情况主要发生在 Hypervisor 调度启动客户虚拟机的时候。当在 KVM 虚拟化环境中创建虚拟机时，首先，运行在 KVM 主机用户态的 QEMU-KVM 会调用 ioctl 命令使程序直接与设备驱动通信，通过 "/dev/kvm" 接口创建虚拟机和虚拟 CPU（vCPU）。Linux 内核的 KVM 模块会创建和初始化相关的数据。其次，会运行用户态的 QEMU-KVM，通过 ioctl 命令启动并运行 vCPU。再次，内核会启动虚拟机，通过 VM-Entry 进入客户虚拟机操作系统。最后，在客户虚拟机中，操作系统会执行虚拟机的指令，如果是非敏感指令，则可以直接在物理 CPU 上运行；如果是敏感指令或发生了异常，则会触发 VM-Exit 并记录相关的信息，CPU 切换到根模式，由 Hypervisor 来进行进一步的处理，处理完成后会触发 VM-Entry，返回客户虚拟机操作系统继续执行其他指令。

4.2.2 华为 NFV 解决方案中计算虚拟化的应用

根据前面的学习，可以知道计算虚拟化是指在硬件层和应用层之间增加虚拟化层，对 CPU、内存等计算机资源的表示、访问和管理进行简化，并为这些资源提供标准的 I/O 接口。通过虚拟化技术可以在一台物理机上虚拟和运行多台虚拟机，从而提高计算机硬件资源的利用率。随着虚拟化技术的引入，应用层获得了软硬件解耦的好处，与此同时，虚拟化技术也带来了性能上的损失。

为了保证应用层的高性能，并降低虚拟化层对系统性能的影响，华为提出了自己的 NFV 解决方案——云化核心网 CloudCore，该方案通过资源隔离、非一致性内存访问（Non-Uniform Memory Access，NUMA）亲和、绑核等计算性能优化关键技术来保证业务虚拟机的性能。计算资源虚拟化可以简单理解为将真实的物理 CPU（pCPU）以 vCPU 的形式分配给虚拟机使用，pCPU 如何分配和占用决定了虚拟机对计算资源的利用效率及虚拟机的计算性能。pCPU 标识刀片式服务器提供的 CPU 能力，主机的宿主 OS 并不感知超线程，所以服务器对外提供的 pCPU 个数是其所提供的超线程的个数。具体来说，pCPU 个数 = 物理 CPU 个数×物理核数×超线程数。例如，1 个刀片有 2 个物理 CPU，每个物理 CPU 有 12 个物理核，每个物理核提供 2 个超线程，那么就有 2×12×2=48 个 pCPU。而 vCPU 标识虚拟机需要的 CPU 能力，通常，1 个 pCPU 分配给 1 个 vCPU 使用。当 pCPU 超分配给多个 vCPU（即 1 个 pCPU 分配给 2 个或多个 vCPU）使用时，vCPU 和 pCPU 的关系是物理时分复用，此时虚拟机性能会下降。pCPU 分配过程中使用到的主要技术如下。

（1）资源隔离：支持每个刀片式服务器上的虚拟化层资源隔离，用于限制虚拟化层进程的资源占用，避免虚拟化层进程的占用影响到业务虚拟机，也防止业务影响到虚拟化层的服务。例如，某个刀片隔离 2 个物理核用于虚拟化层服务，实现专核专用。

（2）NUMA 亲和：如果虚拟机跨 NUMA 节点部署，则会导致较多的性能损耗。为此，华为公司支持自动对虚拟机进行 NUMA 初始放置及负载均衡，将虚拟机的 vCPU 与内存分布在一个 NUMA 节点内，以降低内存访问时延，提升性能。图 4-10 的 NUMA 节点 1 和 NUMA 节点 2 实现了虚拟机的 vCPU 与内存分布在一个节点内，避免了跨节点分配导致的性能损耗，提升了性能。

（3）vCPU 绑核：将某个虚拟机的 vCPU 与 pCPU 做一对一绑定并独占 pCPU，使该虚拟机与其他虚拟机占用的 pCPU 没有交集，该虚拟机不与其他虚拟机竞争 pCPU 资源，以此达到 pCPU 隔离且 vCPU 性能稳定的目的。图 4-10 中的虚拟机 VM1 和 VM2 均实现了 vCPU 与 pCPU 的一对一绑定，隔离后性能更稳定。

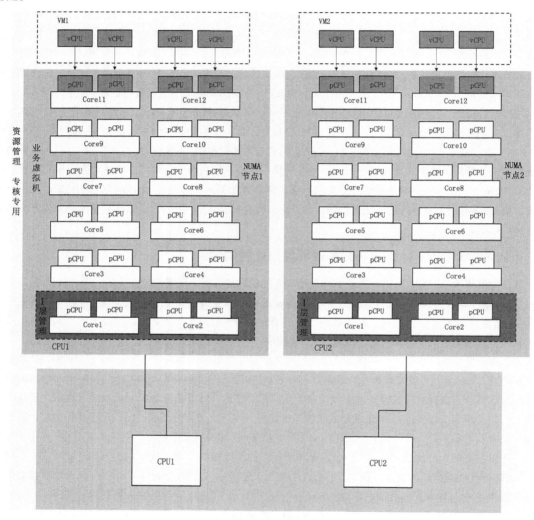

图 4-10　NUMA 亲和与 vCPU 绑核技术

4.3 存储虚拟化

随着计算虚拟化在各行业数据中心的普遍应用，在 X86 服务器利用效率普遍提升的同时，人们发现存储资源的多厂家异构导致管理复杂化、平均资源利用效率低下，在 I/O 吞吐性能方面无法有效支撑企业关键事务。面对新型应用对存储性能提出的挑战，存储虚拟化提出通过对所有来自应用软件层的存储数据面的 I/O 读写操作指令的"截获"，建立统一的 API，从业务应用视角覆盖不同厂家、不同版本的异构硬件资源，进行统一的信息建模，使得上层应用软件可以采用规范的、与底层具体硬件内部实现细节解耦的方式访问底层存储资源。

除了带来硬件异构、应用软件与硬件平台解耦的价值之外，通过对"存储虚拟化"层内多个对等的分布式资源节点的聚合，还可以实现该资源的"小聚大"。例如，将多个存储设备（如硬盘）整合成为一个容量可无限扩展的超大（EB 级规模）的共享存储资源池。由此可以看到，存储虚拟化与计算虚拟化最大的差别在于，存储虚拟化主要是进行存储资源的"小聚大"，而计算虚拟化主要是进行计算资源的"大分小"。原因在于，存储资源的"大分小"在存储区域网络（Storage Area Network，SAN）、网络附加存储（Network Attached Storage，NAS）乃至文件系统中通过逻辑单元编号（Logical Unit Number，LUN，用以标识一个存储资源）划分和卷配置已经实现。然而，随着企业 IT 与业务数据的爆炸式增长，需要实现高度扁平化、归一化和连续空间，实现跨越多个厂家服务器及存储设备的数据中心级统一存储，即实现"小聚大"。存储"小聚大"的整合正在日益凸显出其不可替代的关键价值。下面列举了存储虚拟化技术所面临的主要挑战。

（1）需要高性能分布式存储引擎。伴随着云计算系统支撑的 IT 系统越来越大，覆盖范围也从不同服务器的存储节点，扩大到分布在不同地理区域的数据中心，这就需要有一个分布式存储引擎。这个引擎需要满足高带宽、高速 I/O 等各种场景的要求，并能很好地进行带宽的扩展。

（2）存储异构能力。如何将不同厂家原有的独立 SAN、NAS 设备组合成一个大的存储资源池，是软件定义存储中需要解决的重要问题。

（3）存储卸载。传统的企业存储系统会采用各种各样的存储软件，这些软件存储操作对存储 I/O 带宽和 CPU 资源均有较大的消耗，会影响到用户业务性能的发挥。因此，需要对存储操作进行标准化，并利用某些标准的硬件动作代替存储操作，这就是存储卸载。

4.3.1　传统 SAN/NAS 的虚拟化

下面将介绍传统 SAN/NAS 的虚拟化技术和软件定义块存储技术。

NAS 是一种将分布、独立的数据进行整合和集中化管理，以便于对不同主机和应用服务器进行访问的技术，图 4-11 所示为典型的 NAS 架构。

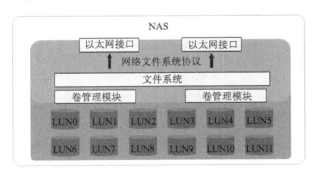

V4-3 SAN、NAS 和
分布式存储

图 4-11　典型的 NAS 架构

如图 4-12 所示，SAN 是独立于局域网的服务器后端存储专用网络。SAN 采用可扩展的网络拓扑结构连接服务器和存储设备，每个存储设备不隶属于任何一台服务器，所有的存储设备都可以在所有网络服务器之间作为对等资源共享。SAN 主要利用光纤通道（Fibre Channel，FC）协议，通过光纤通道交换机（FC Switch）建立服务器和存储设备之间的直接连接。通常，这种利用 FC 连接建立起来的 SAN 也被称为 FC-SAN。FC 特别适用于这项应用，原因在于它既可以传输大块数据，又能够实现较远距离的传输。SAN 主要应用在对性能、冗余度和数据的可获得性都有很高要求的高端、企业级存储应用上。

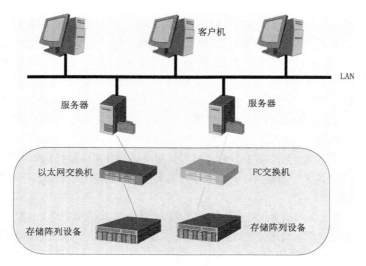

图 4-12　SAN 架构

　　IP-SAN 架构是以 TCP/IP 为底层传输协议，采用以太网的形式，使用以太网交换机（图 4-12 中的以太网交换机）作为承载介质构建起来的存储区域网络架构。实现 IP-SAN 的典型协议是因特网小型计算机系统接口（internet Small Computer Systems Interface，iSCSI）协议，它定义了 SCSI 指令集在 IP 中传输的封装方式，IP-SAN 将 SCSI 指令集封装在了 TCP/IP 上。这就好比寄快递时，不管选择哪家快递公司，最终都是把想要寄出的东西发送至目的地，都是由客户发起寄送请求，快递公司进行响应，差别只在于快递公司不同而已。iSCSI 协议是全新的、建立在 TCP/IP 和 SCSI 指令集基础上的标准协议，所以其开放性和扩展性更好。IP-SAN 架构如图 4-13 所示，其中，服务器上都配置了主机总线适配卡（Host Bus Adapter，HBA）。

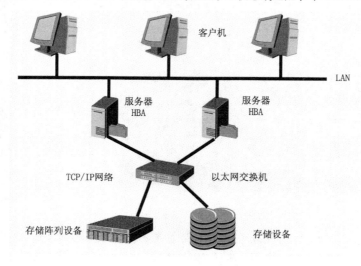

图 4-13　IP-SAN 架构

　　当仅需要单个主机服务器（或单个集群）访问多个磁盘阵列时，可以使用基于主机的存储虚拟化技术，该技术又被称为逻辑卷管理，通常由主机操作系统下的逻辑卷管理软件实现。逻辑卷管理软件将多个不同的物理磁盘映射成一个虚拟的逻辑块空间。当存储需求增加时，逻辑管理软件可以将部分逻辑空间映射到新增的磁盘阵列上，因此可以在不中断运行的情况下增加或减少物理存储设备。

　　基于主机的存储虚拟化如图 4-14 所示，主机 1 可以使用磁盘阵列 1 和磁盘阵列 2 上的存储空间，主机 2 可以使用磁盘阵列 2 上的存储空间，主机 3 和主机 4 均可使用磁盘阵列 3 和磁盘阵列 4 上的存储空间。该技术使主机经过虚拟化的存储空间跨越了多个异构的磁盘阵列，因此常被用于在不同磁盘阵列之间实现数据镜像保护。该技术的优点是支持异构的存储系统；容易实现，不需要额外的特殊硬件；开销低，不需要硬件支持，不修改现有系统架构。该技术的缺点是占用主机资源，降低了应用性能；存在操作系统和应用的兼容性问题；导致主机升级、维护、扩展复杂化，容易造成系统不稳定；需要复杂的数据迁移过程，影响业务连续性。

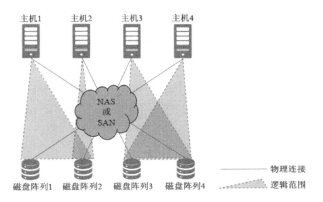

图 4-14　基于主机的存储虚拟化

　　如果是仅针对传统中低端存储设备进行整合的软件定义存储方案，则其架构要简单很多。中低端存储整合的软件定义存储系统架构如图 4-15 所示，其可以同时通过虚拟块存储管理组件（Virtual Block System，VBS）节点，以满足存储管理主动规范（Storage Management Initiative Specification，SMI-S）的接口来对接 OpenStack。

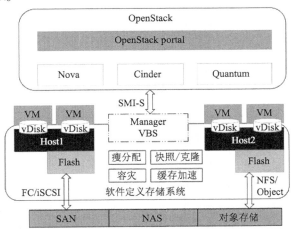

图 4-15　中低端存储整合的软件定义存储系统架构

　　中低端存储的存储性能差、LUN 数量有限，没有非易失随机读写存储器（Non-Volatile Random Access Memory，NVRAM）、固态硬盘（Solid-State Drive，SSD）的加速，无快照、克隆、瘦分配等功能。可通过主机侧的 Flash 硬件和软件定义存储软件能力，整合现有中低端 SAN、NAS 等存储资源，提供性能高、功能强的软件定义存储解决方案。面向中低端存储整合的软件定义存储系统主要是一套存储虚拟化软件，运行在 Host OS 上，它具有强大的异构能力，底层能够兼容块、文件或者对象。软件定义存储系统具备线性扩展能力，具有高速的分布式 Flash Cache，能够实现性能无损的快照和瘦分配，能够实现 VM 粒度的策略驱动，拥有丰富的对外接口，能够对外提供块、文件或对象接口。其主要提供卷管理服务、I/O 服务、元数据服务。各种服务可以融合部署，也可分离部署。面向中低端存储设备整合的软件定义存储系统架构如图 4-16 所示。

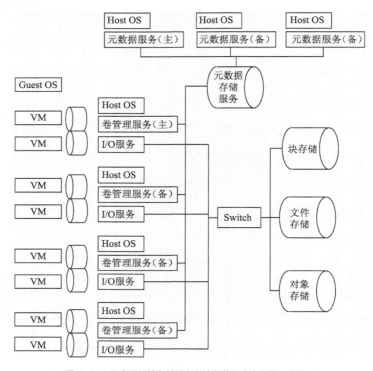

图 4-16　面向中低端存储设备整合的软件定义存储系统架构

在华为的 FusionSphere OpenStack 产品中，异构存储虚拟化的实现方式是，Cinder 组件为云平台提供统一接口以及按需分配的、持久化的块存储服务（类似于 Amazon EBS 服务），通过驱动的方式接入不同种类的后端存储（包括本地存储、网络存储、FC-SAN、IP-SAN），具体如图 4-17 所示。其中，北向接口 OpenStack RESTful API 提供存储资源的统一管理，而南向接口则对接不同的 Cinder 卷（Cinder Volume）服务驱动来兼容不同厂商的存储设备。

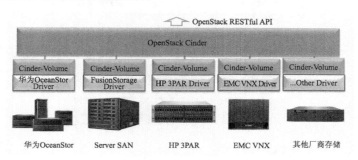

图 4-17　异构存储设备的虚拟化

4.3.2 软件定义块存储

1. 分布式存储池的概念

分布式存储系统将所有服务器的本地硬盘组织成若干个资源池，基于资源池提供创建/删除应用卷、创建/删除快照等接口，为上层软件提供卷设备功能。

分布式存储系统资源池如图 4-18 所示，其具有如下特点。

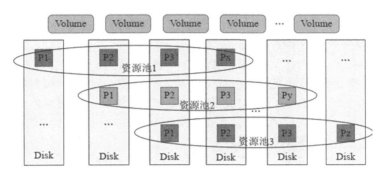

图 4-18 分布式存储系统资源池

（1）每块硬盘分为若干个数据分片（Partition，在图 4-18 中用 P 来表示），每个 Partition 只属于一个资源池，Partition 是数据副本的基本单位，也就是说，多个数据副本指的是多个 Partition。

（2）系统自动保证多个数据副本尽可能分布在不同的服务器上（当服务器数大于数据副本数时）。

（3）系统自动保证多个数据副本之间的数据强一致性。

（4）Partition 中的数据以键值对（Key-Value）的方式存储。

（5）对上层应用提供卷设备，没有 LUN 的概念，使用简单。

（6）系统自动保证每个硬盘上的主 Partition 和备用 Partition 数量是相当的，避免出现集中的热点。

（7）所有硬盘都可以用作资源池的热备盘，单个资源池最大支持数百乃至上千块硬盘。

2. 分布式存储系统的功能架构

分布式存储系统采用分布式集群控制技术和分布式 Hash 数据路由技术，提供分布式存储功能特性。

分布式存储系统的功能架构如图 4-19 所示，该架构包括以下 4 个组成部分。

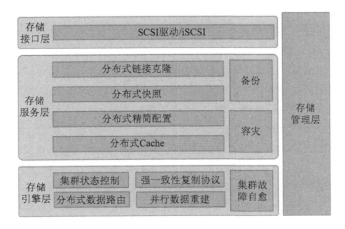

图 4-19 分布式存储系统的功能架构

（1）存储接口层：通过 SCSI 驱动接口向操作系统、数据库提供卷设备。

（2）存储服务层：提供各种存储的高级特性，如快照、链接克隆、精简配置、分布式 Cache、容灾备份等。

（3）存储引擎层：提供分布式存储系统的存储的基本功能，包括集群状态控制、分布式数据路由、强一致性复制协议、集群故障自愈与并行数据重建子系统等。

（4）存储管理层：实现分布式存储系统软件的安装部署、自动化配置、在线升级、告警、监控和日志等操作管理功能，同时对用户提供门户界面。

3. 分布式存储系统的应用场景

分布式存储系统尤其适合在计算和存储融合一体化系统中使用。传统的虚拟化方式是在相互分离的计算、存储和网络设备上叠加了一层虚拟化软件，虽然可以提升资源利用率，但是系统复杂，并不能简化各类基础设施的运维成本。融合一体化系统真正实现了计算、存储和网络设备的深度融合，硬件设备与虚拟化软件平台的一体化。一体化 IT 系统采用分布式存储系统将服务器的本地硬盘组织成一个类似 SAN 设备的虚拟存储池，对上层应用提供存储功能。

在 IT 平台中，分布式存储系统替代了传统的外置存储设备，适合使用分布式存储系统的应用场景主要有以下 4 个。

（1）虚拟桌面基础设施（Virtual Desktop Infrastructure，VDI）。这是一个办公向自动化系统应用。其典型特点是，容量共享精简分配，性能共享分时复用，计算和存储配比相对均衡，对成本和性价比的要求高。

（2）虚拟化环境混合应用。其典型特点是，容量共享需求明显，多应用混合负载，线性扩展。

（3）联机分析处理（Online Analytical Processing，OLAP）应用。其典型特点是，并发吞吐量高，对计算、存储带宽要求高。

（4）联机事务处理（Online Transaction Processing，OLTP）应用。其典型特点是，每秒进行读写操作的次数（Input/Output Operations Per Second，IOPS）多。

4.3.3 华为 NFV 解决方案中存储虚拟化的应用

综合前面的知识，存储虚拟化是指在物理存储系统和服务器之间增加一个虚拟化层，可以对不同存储设备进行虚拟化，屏蔽存储设备的能力、接口协议等差异性，将各种存储资源转化为统一管理的数据存储资源。使用虚拟化 SAN 存储时，服务器和物理存储设备间采用网络连接，如何保证在服务器和物理存储间高效可靠地传输数据是存储虚拟化领域一个亟待解决的关键问题。

为此，华为 NFV 解决方案在存储虚拟化的基础上增加了存储多路径（Multipath）技术，从而保证了链路的负载均衡和后端存储访问路径的高可用性。NFV 解决方案中的存储虚拟化可以理解为将物理磁盘抽象为逻辑磁盘并提供给虚拟机使用。NFV 中的存储虚拟化如图 4-20 所示，首先，创建虚拟机，系统会定义磁盘类型，并将磁盘类型映射为某一个后端存储。一个后端存储对应着一个硬盘域，不同的硬盘域间相互隔离，如果将不同的业务承载到不同硬盘域中，则可以隔离业务之间的性能影响和故障影响。其次，创建存储池，这一步是配置存储空间的基础，在其中可以创建多个文件系统。再次，系统在存储池上创建一个 LUN。最后，将成功创建的 LUN 挂载到对应的虚拟机上，使其成为虚拟机的虚拟磁盘。

其中，硬盘域是一种硬盘组合方式，由多块相同或不同类型的硬盘组合而成。存储池则创建于硬盘域中，是存放存储空间资源的容器，所有应用服务器使用的存储空间都来自存储池。LUN 是用于识别逻辑单元的逻辑单元号，是被 SCSI 协议或者封装有 SCSI（FC 或者 iSCSI）的存储域网络协议驱动的一个设备。

存储多路径技术通过安装在与存储对接的应用服务器中的软件实现路径冗余。虚拟机使用虚拟磁盘资源，虚拟磁盘由多条路径到达实际的物理磁盘，当某条路径发生故障，或不能满足规定的性能要求时，多路径软件会自动将 I/O 流从一个 HBA 的路径转移到其他可用的 HBA 路径上，确保 I/O 流有效、可靠地继续传输，并增加磁盘访问路径的可靠性。另外，可以将多条路径合并为一条路径，以增加存储访问路径的带宽。

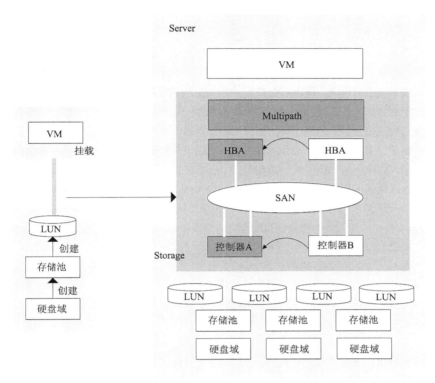

图 4-20　NFV 中的存储虚拟化

4.4　网络虚拟化

　　网络虚拟化是虚拟化技术在网络通信领域的应用。与计算虚拟化和存储虚拟化技术类似，网络虚拟化的主要目标是提高网络资源利用率，使网络新技术的验证和部署更加快捷，加快新型网络业务的上线速度。下面将对网络虚拟化的基本概念和关键技术进行介绍。

4.4.1　网络虚拟化的基本概念

　　从操作系统角度来看，OS 管理的资源范畴仅仅是一台服务器，而 Cloud OS 管理的资源范畴扩展到了整个数据中心，甚至扩展到了由广域网物理或者逻辑专线连接起来的多个数据中心。在一台服务器内，CPU、内存与周边 I/O 单元的连接一般通过外设部件互连标准（Peripheral Component Interconnect，PCI）总线以主从控制的方式来完成，多数管理细节被 CPU 及主板厂家的总线驱动所屏蔽，且 PCI I/O 设备的数量和种类有限，因此 OS 软件层面对于 I/O 设备的管理比较简单。相对而言，在一个具备一定规模的数据中心内，甚至多个数据中心内，各计算、存储单元之间以完全点对点的方

V4-4　网络虚拟化

式进行松耦合的网络互连。云数据中心之上承载的业务种类众多，各业务类型对于不同计算单元（包括物理机、虚拟机）之间、计算单元与存储单元之间，乃至不同安全层次的计算单元与外部开放互联网网络和内部企业网络之间的安全隔离及防护机制要求动态实现不同云租户之间的安全隔离。云数据中心还要满足不同终端用户不同场景的业务组网要求及安全隔离要求。因此，云操作系统的复杂性将随着云租户及租户内物理机和虚拟机实例的数量增长呈现几何级数的增长。由业务应用驱动的数据中心网络虚拟化和自动化已势在必行和不可或缺。

通过将网络服务与物理网络解耦，以及网络能力的软件化，满足业务系统在敏捷性、自动化、效率和资源利用率提升等方面的需求，将成为虚拟化和云时代下对网络虚拟化的关键诉求。具体而言，首先，要满足敏捷和业务快速上线的诉求，网络不能成为阻碍 IT 业务的绊脚石，必须能够支撑业务系统的快速创新和上线；其次，针对网络业务的下发和配置，需要改变基于手工或静态配置的方式，支撑业务系统实时、按需、动态化地部署网络业务，从静态网络演进为动态网络，从单点部署演进为整体部署，从人机接口演进为机机接口；最后，需要提升网络资源的利用率，从以设备和连接为中心的模式，转化为以应用和服务为中心的模式，最大化地利用网络资源，同时细分用户的业务流量，提供不同 SLA 的保障。

网络虚拟化技术通过将原先由网络服务提供商（Internet Service Provider，ISP）提供的物理网络和网络服务解耦来实现上述诉求。ISP 被进一步分为基础设施提供商（Infrastructure Provider，InP）和服务提供商（Service Provider，SP），前者负责物理网络的管理和维护，后者则按需向 InP 申请物理网络资源来构建虚拟网络，以便运行各类网络业务。网络虚拟化技术的实现主要包括以下几个方面。

（1）物理层解耦。网络虚拟化的最终目的是接管所有的网络服务、网络特性和虚拟网络中的相关配置（包括 VLANs、VRFs、防火墙规则、负载均衡池、路由、隔离、多租户等），从复杂的物理网络中抽取出简化的逻辑网络设备和服务，将这些逻辑对象映射到分布式虚拟化层上，通过网络控制器和云管理平台的接口来使用这些虚拟网络服务。应用只需和网络虚拟层打交道，对用户的网络控制面屏蔽了底层复杂的网络硬件。

（2）共享物理网络，支持多租户平面及安全隔离。计算虚拟化可以使多种业务或不同租户资源共享同一个数据中心资源，网络资源同样可以共享，在同一个物理网络平面，需要为多租户提供逻辑的、安全隔离的网络平面。

（3）网络按需自动化配置。通过 API 自动化部署，一个完整、功能丰富的虚拟网络可以自由定义任何约束在物理交换基础上的设施功能、拓扑或资源。通过网络虚拟化，每个应用的虚拟网络和安全拓扑就拥有了移动性，同时实现了和流动的计算层的绑定，可以通过 API 自动部署，确保了和专有物理硬件解耦。

（4）网络服务抽象。虚拟网络层可以提供逻辑端口、逻辑交换机和路由器、分布式虚拟防火墙、虚拟负载均衡器等，并提供这些网络设备和服务的监控、QoS 和安全。这些逻辑网络对象就像服务器虚拟化虚拟出来的 vCPU 和内存一样，可以提供给用户，以实现任意转发策略、安全策略的自由组合，构筑任意拓扑的虚拟网络。

4.4.2 网络虚拟化的关键技术

网络虚拟化中涉及一些关键技术，如虚拟交换机、网络直通技术等。下面将分别介绍这几个关键技术。

1. 开源虚拟交换机技术

Open vSwitch（OvS）是一款基于软件实现的开源虚拟以太网交换机（也被称为以太网桥），它遵循 Apache 2.0 许可证。OvS 能够支持多种标准的管理接口和协议，如 OpenFlow、NetFlow、sFlow、SPAN、远程交换端口分析器（Remote Switched Port Analyzer，RSPAN）、命令行接口（Command Line Interface，

CLI）、LACP、802.1ag 等。OvS 还支持跨多个物理服务器的分布式环境，能够与众多开源的虚拟化平台相整合。OvS 主要有两个作用：实现 VM 之间的通信，以及实现 VM 和外界网络的通信。OvS 在基于 SDN 的云网络中的位置如图 4-21 所示。其中，Controller 是 SDN 控制器，它负责制定转发规则，并通过 OpenFlow 协议将这些规则下发至 OvS，以控制网络的数据转发。

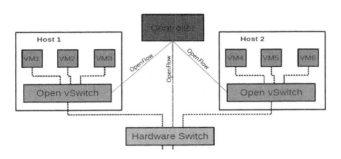

图 4-21　OvS 在基于 SDN 的云网络中的位置

2. 网络直通技术 VMDq

在虚拟环境中，网络传输报文时需要从软件层的虚拟网卡经过，才能从物理网卡发出。软件模拟虚拟网卡会造成网络访问时延的增加和抖动。为了解决这个问题，先后发展出虚拟机设备队列（Virtual Machine Device queues，VMDq）技术和 SR-IOV 技术。

由于 Hypervisor 管理网络的 I/O 活动，随着平台中的虚拟机和传输量的增加，Hypervisor 需要更多的 CPU 周期来进行数据包分类操作，并将数据包路由到相应的虚拟机中。这些操作会占用 CPU 资源，从而影响上层应用软件对 CPU 的使用。Hypervisor 利用 VMDq 技术，针对对虚拟机网络性能有极高要求的场景，在支持 VMDq 的网卡上，使用硬件实现了 Layer 2 分类/排序器，可以根据 MAC 地址和 VLAN 信息将数据包发送到指定的网卡队列中。这样，虚拟机收发包时就不需要特权虚拟机的参与。这种模式极大地提升了虚拟网络的效率。

VMDq 技术可以将网络 I/O 管理负担从 Hypervisor 上卸载掉，多队列和芯片中的智能分类特性支持虚拟环境中的网络传输流，实现从应用任务中释放处理器周期，提高虚拟机的数据处理效率及整体系统性能。VMDq 为虚拟机提供接近物理机的网络通信性能，兼容部分虚拟化高级特性，如在线迁移、虚拟机快照等。

3. 网络直通技术 SR-IOV

与 VMDq 类似，SR-IOV 也采用类似直通的方式来避免软件层对网络转发时延和抖动产生影响，从而满足电信与企业关键应用对高性能、低时延的要求。

服务器虚拟化技术通过软件模拟多个网络适配器的方式来共享一个物理网络适配器端口，以此来满足虚拟机的 I/O 需求。虚拟化软件在多个层面控制和影响虚拟机的 I/O 操作，因此会出现瓶颈并影响 I/O 性能。SR-IOV 是一种不需要软件模拟就可以共享 I/O 设备、I/O 端口的物理功能的方法，主要利用智能网络接口卡（Intelligent Network Interface Card，INIC）实现网桥卸载虚拟网卡的能力，允许将物理网络适配器的 SR-IOV 虚拟功能直接分配给虚拟机，可以提高网络吞吐量，缩短网络延迟，减少处理网络流量所需的主机 CPU 开销。

SR-IOV 是外设部件互连标准专业小组（Peripheral Component Interconnect Special Interest Group，PCI-SIG）推出的一项标准，是虚拟通道的一种技术实现，用于将一个 PCIe 设备虚拟成多个 PCIe 设备，每个虚拟 PCIe 设备如同物理 PCIe 设备一样向上层软件提供服务，如在物理网卡上对上层软件系统虚拟出多个物理通道，每个通道都具备独立的 I/O 功能。通过 SR-IOV，一个 PCIe 设备不仅可以导出多个 PCI 物理功能，还可以导出共享该 I/O 设备上的资源的一组虚拟功能，每个虚拟功能都可以被直接分配到一个虚拟机上，使网络传输绕过软件模拟层，直接分配到虚拟机，从而将 PCI 功能分配到多个虚拟接口，以实现在虚拟化环境中共享一个 PCI 设备的目的，并且降低了软件模拟层中的 I/O 开销，实现了接近本机设备（即真实物理设备）的性能。在这个模型中，不需要任何传输，因为虚拟化在终端设备上发生，允许管理程序简单地将虚拟功能映射到 VM 上以实现本机设备性能和隔离安全。

SR-IOV 虚拟出的通道有两种类型。物理功能（Physical Function，PF）是完整的 PCIe 设备，包含了全面的管理、配置功能，Hypervisor 通过 PF 来管理和配置网卡的所有 I/O 资源。虚拟功能（Virtual Function，VF）是一个简化的 PCIe 设备，仅仅包含了 I/O 功能，通过 PF 衍生而来，如同物理网卡硬件资源的一个切片。对于 Hypervisor 来说，VF 同普通的 PCIe 网卡一样，可以满足高要求的网络 I/O 应用，无须特别安装驱动，且可以实现无损热迁移、内存复用、虚拟机网络管控等虚拟化特性。

4. 弹性虚拟交换机技术

弹性虚拟交换机（Elastic Virtual Switch，EVS）是华为公司基于 OvS 转发技术开发的一种弹性化的虚拟交换机，EVS 的改进主要体现在 I/O 性能的提升上。EVS 可以提供虚拟网络交换功能，实现 VLAN、DHCP 隔离、带宽限速及优先级设置等基本功能。它是一种借助数据平面开发套件（Data Plane Development Kit，DPDK）开发的基于用户态的虚拟交换方案。EVS 部署在虚拟化层的 Host OS 的用户空间中，通过 DPDK 的高速 I/O 通道技术实现高性能的收发包。因此，EVS 相比 OvS 性能更优，更能满足 CT 类业务高带宽、低时延的性能要求。

EVS 和 OvS 的整体架构如图 4-22 所示，其中，EVS 使用到的主要技术如下。

（1）网卡支持 DPDK：硬件网卡支持 DPDK 技术，提升了硬件的收发包性能和处理能力。

（2）支持用户态的数据收发：在 Host OS 上运行用户态 EVS，借助于 DPDK 的用户收发包技术和大页内存，可以提升系统收发包性能和处理能力。OvS 数据接收和发送是在内核态完成的，而 EVS 是在用户态完成的。EVS 会在用户态启动线程且绕过内核态并接管内核收发包功能，从而提升性能，而 OvS 没有专门线程。

（3）EVS 独占内核：通过独占 CPU 内核，为 EVS 分配专用内核来进行数据收发，以提升性能。

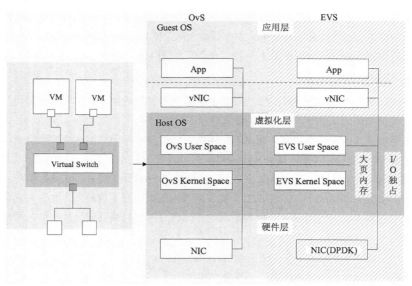

图 4-22 EVS 和 OvS 的整体架构

（4）DPDK：一套源码编程库，可以为 Intel 处理器提升基础数据平面性能。DPDK 是一个开源的数据平面开发工具集，它通过旁路内核协议栈、轮询模式的报文无中断收发、优化内存等技术实现了在 X86 处理器架构下的高性能报文转发能力，用户可以在 Linux 用户态空间开发各类高速转发应用。

（5）EVS 内核态（EVS Kernel Space）和 EVS 用户态（EVS User Space）：虽然用户态和内核态下工作的程序有很多差别，但最重要的差别在于特权级的不同，即权限的不同。内核态是操作系统内核所运行的模式，运行在该模式的代码可以无限制地对系统存储、外部设备进行访问。而运行在用户态下的程序只能访问特定的端口和存储空间。

（6）大页内存：相比 Native Linux 的 4KB 页，采用了更大的页尺寸——2048KB 或者 1024MB，这意味着可以节省页的查询时间，DPDK 作为用户空间应用运行时，在自己的内存空间中分配 HugePage 可提升性能。

4.4.3　华为 NFV 解决方案中网络虚拟化的应用

虚拟机通过虚拟交换机来连接网络，虚拟交换机通过虚拟链路与物理主机的物理网卡绑定，实现对外部网络的访问。

CT 业务要求高性能、低时延，传统的高级电信计算结构（Advanced Telecommunication Computer Architecture，ATCA）平台有专门的硬件来保障高速的网络转发能力。如何在通用的硬件上构筑高性能、低时延的转发能力是网络虚拟化技术具体实施中需要解决的一个重要问题。

网络层的资源消耗主要在于网卡对各虚拟机的分发消耗、各层间网络包的复制、大量 I/O 中断导致的调度开销等。华为通过 DPDK、EVS 等技术极大地降低了网络层开销。

OvS 和 EVS 在 CloudCore 解决方案中的应用如图 4-23 所示。在图 4-23 中，左侧的一个刀片式服务器有两张 MEZZ 卡，每个 MEZZ 卡分别有两个网卡（eth0 和 eth1），其中，MEZZ1 的两张网卡承载物理基础设施层管理业务，数据流量小，通过网卡捆绑（Bond）后，在主机侧运行 OvS，右侧网络分别上连到堆叠的交换板 2X 和 3X（华为 E9000 服务器的 2 号和 3 号槽位交换板）上，形成一个以太网链路聚合端口（Eth-Trunk1）。而 MEZZ2 的两张网卡承载上层业务，主要是 IMS 信令流，网卡捆绑后则运行 EVS，分别上连到堆叠的交换板 1E 和 4E（华为 E9000 服务器的 1 号和 4 号槽位交换板）上，形成 Eth-Trunk2。通过 Eth-Trunk 提高了网络带宽，同时，双平面组网结构提高了网络的可靠性。

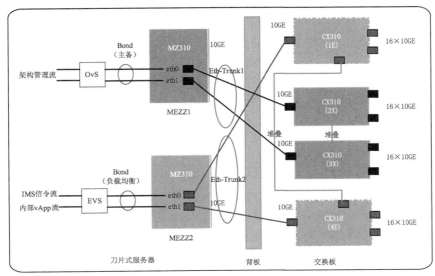

图 4-23　OvS 和 EVS 在 CloudCore 解决方案中的应用

4.5 本章小结

本章主要从云操作系统、华为云计算解决方案两个方面讲解了电信云架构；从计算虚拟化、存储虚拟化和网络虚拟化 3 个方面讲解了电信云关键技术。

5G 时代，大量网络功能和业务云化，对云计算的需求极大。云网融合是大趋势，也是 5G 行业的基础设施。网络与云本身不可分离，网络即是计算，计算即是网络，同时，软件定义网络的本质也是网络控制和管理的云化。网络云化是目前网络演进的最主要的特征，会影响未来 10~20 年的运营商网络和企业网络的技术架构、商业模式和新型业务。

随着各种新业务、新场景、新应用的不断涌现，诸如业务发放更敏捷、网络运维更智能、资源利用更高效、商业环境更开放等网络云化的特征也将在 5G 及未来的网络中体现得越来越明显，网络正进行着全面的数字化转型，这其中与云相关的技术和应用正越来越多地进入人们的工作与生活。从目前的趋势来看，越来越多的互联网应用和通信场景将依赖于云服务实现。网络全面云化已经成为不可逆转的趋势，终将对社会发展的方方面面产生深远的影响。

课后练习

1. 选择题

（1）（   ）是云计算基础架构的基石。

    A. 虚拟化技术   B. NUMA 架构   C. 并行处理   D. 集中式

（2）以下（   ）不是企业传统存储设备面临的问题。

    A. 存储弹性问题   B. 存储兼容性问题

    C. 存储扩展问题   D. 大规模集群下的容错和可靠性问题

（3）【多选】以下（   ）属于服务器虚拟化分类。

    A. 全虚拟化   B. 半虚拟化

    C. 硬件辅助虚拟化   D. 自动虚拟化

（4）【多选】以下关于半虚拟化描述不正确的是（   ）。

    A. 效率较高   B. 兼容性较差

    C. 无须修改操作系统   D. 虚拟机的指令全部经过虚拟化层翻译

（5）【多选】以下关于服务器虚拟化的描述正确的是（   ）

    A. 虚拟计算机可能具备一个或多个 CPU 核

    B. 多个虚拟机可以分割或共享使用计算机的资源（CPU、I/O 等）

    C. 同一物理服务器内的虚拟计算机可安装不同的操作系统

    D. 同一虚拟计算机可同时使用多台服务器的资源（CPU、I/O 等）

（6）【多选】分布式存储系统资源池的特点为（   ）。

    A. 每块硬盘分为若干个数据分片，每个分片只属于一个资源池

    B. 系统自动保证多个数据副本尽可能分布在不同的服务器上

    C. 系统自动保证多个数据副本之间的数据的强一致性

    D. 对上层应用提供卷设备，没有 LUN 的概念，使用简单

（7）【多选】分布式存储系统的应用场景包括（　　　）。

    A. VDI　　　　　　　　　　B. 办公 OA　　　　　　　C. OLTP　　　　　　　　D. 计算虚拟化

（8）【多选】EVS 使用到的主要技术包括（　　　）。

    A. 网卡支持 DPDK　　　　　　　　　　　　　B. 支持用户态的数据收发

    C. EVS 独占内核　　　　　　　　　　　　　 D. 大页内存

（9）【多选】以下（　　　）是 OpenStack 的服务。

    A. Nova　　　　　　　　　　B. Cinder　　　　　　　 C. Neutron　　　　　　　D. Keystone

（10）【多选】以下关于 OpenStack 的描述正确的是（　　　）。

    A. OpenStack 代码是开源的

    B. 使用大量使用插件化、可配置的方式进行设计

    C. OpenStack 架构是高度可扩展的

    D. OpenStack 总体上遵循了无中心、无状态的架构设计思想

2. 简答题

（1）简述虚拟化与云的区别。

（2）简述 OpenStack 中的关键组件（计算、网络、存储）。

（3）绘图描述 KVM 作为 Hypervisor 时的基本架构。

（4）简述传统 SAN/NAS 虚拟化和分布式存储技术的区别。

（5）简述电信云中网络虚拟化所采用的 SR-IOV 和 EVS 技术。

Communication

5

第 5 章
容器技术与微服务架构

近年来，容器技术与微服务架构备受关注，已成为业界最热门的话题。在时尚的词汇和热情满满的讨论之后，人们开始重新思考互联网时代服务的架构以及应用开发、运维的方法。微服务以一种全新的架构设计模式，牵动了互联网应用从设计到运维整个流程方法论的变革。而以 Docker 为代表的容器技术则为微服务理念提供了实现机制，进而改变了新一代应用开发和发布的方式。

本章主要介绍容器和微服务的基本概念和架构，以及华为的容器和微服务解决方案在 5G 网络中的应用。

课堂学习目标

- 掌握微服务和容器的概念和架构

- 了解华为的容器和微服务解决方案在 5G 网络中的应用

5.1　5G 中的容器与容器管理

本书在第 2 章中介绍了云原生（Cloud Native）在 5G 领域的关键技术应用，其中之一就是敏捷的基础设施（轻量级虚拟化容器）技术。

容器技术相比基于物理服务器的虚拟化技术，资源利用率更高、启动更快（秒级）、弹性扩缩容更迅速（秒级），是比虚拟机更轻量级、更敏捷的虚拟化技术。进入 5G 时代，使用容器来承载 5G 核心网的网元，可以快速应对业务变化。

5.1.1　容器技术

本书在第 4 章中介绍了电信云关键技术，其中，云计算的基础是服务器虚拟化技术。早期，普遍采用基于 Hypervisor（虚拟机监控器程序）的虚拟化方式，可以最大限度地提供虚拟化管理的灵活性。不同类型操作系统的虚拟机都能通过 Hypervisor 来创建、运行、销毁。然而，随着时间的推移，用户发现服务器硬件级别的虚拟化技术（即通过在物理服务器上运行虚拟化操作系统，使得物理服务器具有创建虚拟机的能力，这种形式的虚拟化称为服务器硬件级别的虚拟化）在很多方

V5-1 容器技术介绍

面受到了限制。主要原因是，对于 Hypervisor 环境而言，每个虚拟机都需要运行一个完整的操作系统及应用程序。但在实际生产开发环境中，用户更关注的是自己部署的应用程序，如果每次部署应用都需要额外部署一个完整的操作系统，就会给部署和运维工作带来沉重的负担。面对这种困境，容器作为一种新型的虚拟化技术应运而生。

1. 容器

在受限制的服务器硬件级别的虚拟化中，无法使用户仅关注应用程序本身，而不需要关注应用所在的操作系统和程序运行所依赖的库文件。那么，底层多余的操作系统和环境可否共享和复用呢？这样，用户部署好一个服务后，如果需要在另一个位置部署该服务，则可以不必再安装一套操作系统和依赖环境。这就像集装箱运载一样，用户将货物（开发好的应用 App）打包放到一个集装箱（容器）里，通过货轮可以轻松地从 A 码头（如 Cent OS 7.2 环境）运送到 B 码头（如 Ubuntu 14.04 环境），在运送期间，用户的货物没有受到任何的损坏（文件没有丢失），在另外一个码头卸货后，货物依然可以被使用（启动正常）。

容器（Container）技术的诞生（2008 年）解决了 IT 世界中的"集装箱运送"问题。容器技术又被称为容器虚拟化，是共享 Linux 操作系统内核、轻量化的虚拟化技术。

下面将介绍什么是操作系统内核，其位置如图 5-1 所示，日常使用的操作系统一般包含两个部分。

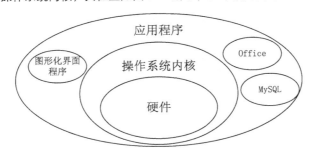

图 5-1　操作系统内核的位置

（1）操作系统内核：通常只有几百兆字节，却是整个操作系统的核心，拥有直接访问硬件设备的所有权限，并负责 CPU、内存、I/O、网络等设备的资源抽象、分配和共享等，它可以解决多进程如何共享处理器、进程间如何通信等问题。

（2）在操作系统内核基础上运行的一些操作系统自带的第三方应用程序：如图形化界面程序、文件管理工具等，规模可能达到几吉字节，如果加上用户安装的应用软件，如 Office、MySQL 等，软件规模将更大。

一些组织或厂家，将操作系统内核与外围应用程序组装起来，并提供一些系统安装界面、系统配置与管理工具，这样就构成了一种发行版本的操作系统。例如，Ubuntu、Cent OS 等就是不同发行版本的 Linux 操作系统。这些发行版本的 Linux 操作系统都源自相同的 Linux 内核，且这些发行版本的开发人员都对内核有各自的贡献，但并没有自己的版权。由于各发行版本都使用了同一个 Linux 内核，因此在内核层不存在兼容性问题。

容器相对于服务器硬件级别的虚拟化如何体现轻量化的优势呢？容器的核心技术是 Cgroup + Namespase。

Cgroup 是 Control group（控制组），属于 Linux 内核提供的一种功能，用于限制和隔离一组进程对系统资源的使用，即进行资源的服务质量控制。这些资源主要包括 CPU、内存、磁盘 I/O、网络带宽等。Cgroup 技术可以让容器使用的资源限制在用户指定的范围内，在一定程度上达到资源隔离的目的。

Namespace 即名称空间，是将内核的全局资源封装起来，每一个 Namespace 都有一份独立的资源，因此不同的进程在各自的 Namespace 内对同一种资源的使用不会相互干扰。例如，系统主机名是一个内核的全局资源，内核通过 Namespace 可以将不同进程分隔在不同的名称空间中，当某个名称空间中的进程修改主机名的时候，其他名称空间的主机名是不会改变的。通过 Namespace 技术，不同的容器可以运行在各自的名称空间中而互不干扰，就好像一个容器独占一个操作系统环境一样。

容器不需要像虚拟机一样虚拟出整个操作系统，而是在主机操作系统上通过 Cgroup + Namespace 技术虚拟出一个小规模隔离的虚拟环境。可以将一个容器实例想象成一个小型的操作系统，它共享宿主机的 Linux 操作系统内核，并在此基础上叠加自己的孤立进程。这些孤立进程包含实现特定目的的进程代码，以及运行进程代码所需的一些运行环境文件。图 5-2 所示为 Web 服务（如实现网页上的文件上传服务）的容器实例，容器实例中包含了 3 部分内容。

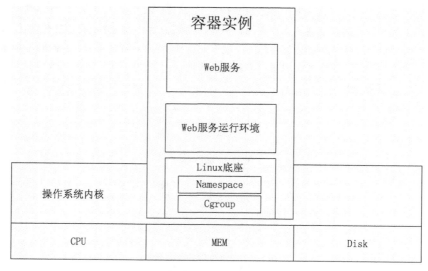

图 5-2　Web 服务的容器实例

（1）Web 服务（W）：通过网页传递文件的进程代码，即客户真正关心的上层业务。

（2）Web 服务运行环境（R）：上层业务代码运行所需的运行文件、配置文件、环境变量等。

（3）Linux 底座（L）：为满足上面两部分进程运行所需的操作系统内核资源，包括一些访问隔离机制（Namespace）、资源控制方式（Cgroup）、文件系统隔离方式等，类似于一个可以卡在操作系统内核上的插座。

Web 服务的容器实例可以在一个 Ubuntu 操作系统（开发者操作系统）上开发。由于容器中已经打包了运行环境和 Linux 底座，该容器的部署不依赖于主机操作系统和其他外围应用程序，可以在其他任何与 Ubuntu 操作系统具有相同 Linux 内核的操作系统（如 Cent OS 等）上运行。

容器的部署依赖于相同的 Linux 内核，不依赖于具体的宿主机操作系统，因此，容器的宿主机操作系统既可以是物理服务器上的 Linux（宿主机操作系统），也可以是虚拟机的 Linux（虚拟机操作系统）。当宿主机是物理服务器时，称之为裸机容器；当宿主机是虚拟机时，称之为虚拟机容器。

图 5-3 所示为容器实例在系统中的位置。其中，Linux 底座使用共享宿主机的操作系统内核，Web 运行时环境和 Web 服务进程以应用程序的形式运行在底座之上。

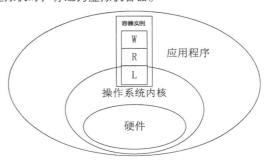

由于容器和宿主机共享操作系统内核，当一个容器存在安全问题时，可能会通过宿主机内核影响到同一宿主机的其他容器，从而带来安全风险，这也是容器技术自身的一个特点。

不同容器可以共享宿主机上的资源。例如，不同容器以 CPU 份额配比（CPU 时间片）的形式共享宿主机的 CPU 资源，CPU 在不同的容器上按照一定的策略分

图 5-3　容器实例在系统中的位置

配运行时间，可以更好地利用资源。这一点和虚拟机不同，虚拟机抽象硬件资源，每个虚拟机都需要固定分配和占用一定的 CPU 物理核心，即便该虚拟机用不完分配的资源，这些资源也不会分配给其他虚拟机使用，这样会造成一定的资源浪费。

换句话说，容器直接复用了主机操作系统的 Linux 内核，是对操作系统的进一步的虚拟化。而基于虚拟机的传统虚拟化方式是在硬件层面实现虚拟化，需要有额外的虚拟化层和虚拟机操作系统层。硬件虚拟化与容器虚拟化的对比如图 5-4 所示。

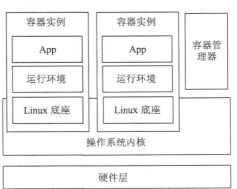

图 5-4　硬件虚拟化与容器虚拟化的对比

图 5-4 中的容器管理器是构建和部署容器的工具，将在下一节中进行介绍。虚拟化操作系统可以实现虚拟化的功能，将物理机资源如 CPU、内存、I/O 设备等抽象为逻辑设备并分配给虚拟机。典型的虚拟化操作系统有 KVM、Xen 等。无论是基于虚拟机的虚拟化还是基于容器的虚拟化，应用运行所需的运行环境都是基于操作系统内核的。基于虚拟机的硬件级别虚拟化方式和基于容器的虚拟化方式各有优劣，没有好坏之分，只是更适用于哪种场景。可以简单地将物理主机、虚拟机和容器分别比作独立别墅、居民楼和胶囊旅馆，如图 5-5 所示。其中，物理机进程独享所有物理资源（类似于图 5-5（a）），不同的虚拟机是对物理资源进行硬性分割（类似于图 5-5（b）），而不同的容器共享宿主机的内核只做了轻量级的隔离（类似于图 5-5（c））。

（a）独立别墅　　　　　　　　　　（b）居民楼　　　　　　　　　　（c）胶囊旅馆

图 5-5　独立别墅、居民楼和胶囊旅馆

虚拟机和容器的详细对比如表 5-1 所示。

表 5-1　虚拟机和容器的详细对比

比较项	虚拟机	容　器
虚拟化程度	硬件虚拟化技术，实现通用的软硬件解耦、隔离和共享，是硬件级别的虚拟化	进程应用的虚拟化，是对应用的封装技术，是操作系统级别的虚拟化
隔离性	优秀。提供完整的操作系统隔离，多租户可以安全共享节点	较弱。共享内核空间，安全隔离有待完善
资源利用率	较好。能够比较有效地利用硬件资源	很好。不直接占用设备资源，共享操作系统内核，利用率高
启动速度	中等。完整操作系统的启动，速度相对较慢	很好。进程级的启动（宿主机已经处于运行状态时），启动速度快
兼容性	中等。可以基于镜像迁移，但是与具体 IaaS 层相关	很好。自带环境依赖，封装格式统一，便于跨环境迁移

2. 容器管理器

容器管理器（Docker）是构建和部署容器的工具。通过它，用户可以在主机上构建并运行一个容器，可以将编译通过的容器快速批量地部署在其他任何具有相同内核的 Linux 操作系统上。Docker 是来自美国的 DotCloud 公司开发的一个容器引擎，在开源化运作后成为容器引擎行业中的"超级巨星"，目前是容器生态的主流规范。类似的技术还有 Rocket、Garden、LXD 等，其中，Rocket（也被称为 Rkt，使用 Go 语言实现）是一个类似 Docker 的命令行工具，可以打包应用和依赖包到可移植容器中，简化搭建环境等部署工作；Garden 是由 Cloud Foundry（一个开源软件项目，最初由 VMware 投入开发，业界第一个开源 PaaS 云平台）项目提供的容器管理平台；LXD 是一种基于 LXC（Linux Container）的虚拟技术。LXC 也是 Docker 的基础，与 Docker 不同的是，Docker 是对应用的虚拟化，而 LXD 是对操作系统的虚拟化。

Docker 的英文本意是"搬运工"，它将上层业务运行所需的全部依赖打包，使应用部署步骤由"安装→配置→运行"变成"复制→运行"，将开发者从繁杂环境部署的工作中解放出来。在计算机上安装一些软件的时候，经常会遇到需要安装依赖文件的错误提示，只有将所有依赖、类、配置文件等补齐后，才能完成安装，而依赖文件的安装是一个十分烦琐的过程。

Docker 如何解决这个问题呢？简单来讲，Docker 直接将应用和应用所需的环境依赖（运行环境、配置文件、其他二进制文件等）全部打包成一个静态的镜像（镜像是一个应用的静态存储形式，容器是镜像运行时的实体，容器会在镜像的基础上增加一个可读写层，以进行后续容器的开发）。这样，用户即可将这个 Docker 镜像复制到任何一个宿主机上直接运行，而无须再进行安装和配置。

官方是这样描述 Docker 的——"Build, Ship, and Run Any App, Anywhere（可在任何地方构建、发布和运行的应用程序）"。那么，Build、Ship 和 Run 到底是什么操作呢？

（1）Build（构建镜像）：通过 Docker 创建一个特定业务目标的运行中的容器。其可以类比为戏班创作的一个戏曲节目，作为集装箱中待运输的"货物"。

（2）Ship（运输镜像）：通过 Docker 将业务软件代码、运行环境依赖一起打包成一个镜像包，并上传到镜像仓库中。其可以类比为将戏曲节目和节目所需的一些依赖（演员、灯光、道具等）全部打包到集装箱中并装船。

（3）Run（运行镜像）：在任何主机上，从镜像仓库中下载镜像包即可运行。其可以类比为将装载戏班的集装箱卸载到任何地方，只需要一个空场地，即可进行表演。

Docker 仓库是 Docker 集中存放镜像文件的场所。一个容易与之混淆的概念是注册服务器（Registry）。仓库可以类比为一个具体的项目或者目录，而注册服务器就是存放仓库的具体服务器。每个服务器上可以有多个仓库，每个仓库下有多个镜像。在实际应用中，存在各种各样的镜像诉求，这些镜像需要一个仓库来对其进行认证、管理和存储。仓库分为官方维护的公共仓库和用户自己创建及维护的私有仓库。

Docker 容器的构建、下载、运行的逻辑如图 5-6 所示。

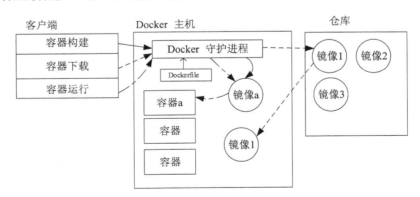

图 5-6 Docker 容器的构建、下载、运行的逻辑

容器构建：客户端通过指定的容器配置文件 Dockerfile 使守护进程生成镜像 a。

容器下载：客户端通过指定镜像名"镜像 1"，从仓库中下载镜像文件到 Docker 主机中。

容器运行：客户端通过指定镜像名"镜像 a"和执行的指令，在 Docker 主机上生成可执行的进程，即容器 a。因此，容器 a 就是根据镜像 a 创建的运行在 CPU 上的容器进程，可以承载用户的各种应用。

3. Kubernetes（K8S）

Docker 提供了容器"Build-Ship-Run"的功能，标准化了从 A 主机迁移到 B 主机的规范，但是仍需要人工通过 Docker 指令来进行搬迁。

在实际的业务应用中，一个应用可能是若干容器的集合，并部署在众多主机上。此时，容器的自动部署、容器部署的主机位置、容器状态的监控管理、容器的扩缩容等，不再是单凭一个 Docker 引擎就能够处理了。此时，需要一套适用于复杂应用的生产级容器管理平台，对容器进行更高级更灵活的管理、调度和编排。

业界有很多种容器管理平台，其中，应用最广泛的是 Google 公司的 Kubernetes（来自于希腊语，意为领航员，因 K 与 S 之间有 8 个字母，因此简称 K8S）开源容器集群管理平台。其他容器集群调度编排工具还有 Twitter/eBay 公司主导的 Mesos、Docker 主导的 Swarm，以及 Compose、VMware 和 Pivotal 主导的 Lattice 等。

Kubernetes 是 Google 公司于 2014 年开源的基于 Docker 技术的容器集群管理平台项目。它的目标是管理跨多个主机的容器，提供基本的部署、维护及弹性伸缩等。为了方便管理，K8S 系统并不直接管理容器，而是以容器组（Pod）为最小的管理单位。Pod 位于物理服务器内。K8S 围绕 Pod 进行创建、调度、停止等生命周期管理。这和公司管理要以小团队为单位，而不是以每个人为单位是类似的。

Pod 是由一个或者多个容器组成的。一个 Pod 内的容器业务紧密相关，有相同的应用目的，相互通信密集频繁。多个 Pod 在一个管理单元内，使用相同的网络空间，共享 IP 地址，可以通过本地网络来相互访问，如图 5-7 所示。这样可以很好地简化密切关联的业务容器之间的通信问题。

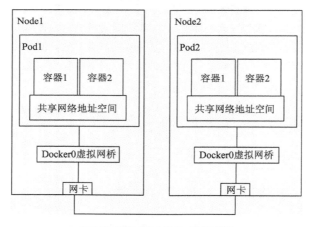

图 5-7　不同主机上的 Pod 通信模型

一个 Node（运行容器应用的虚拟机或物理服务器）可以有多个 Pod（图 5-7 中仅画出了一个 Pod）。同一个 Pod 内的容器共享网络地址空间，使用同一个 IP 地址，容器之间互访可以通过端口号实现。例如，容器 2 运行的是 MySQL，容器 1 可以使用 localhost:3306（3306 是 MySQL 的默认服务端口号）直接访问容器 2 上的 MySQL。不同 Pod 之间互访时需要通过一个名为 Docker0 的虚拟网桥来实现，其中，虚拟网桥可以理解为一个在服务器内的虚拟交换机。

K8S 是一套分布式系统，由多个节点（虚拟机或者物理机皆可）组成。节点分为两类：一类是属于管理平面的 Master（管理）节点，承担管理进程的角色，负责整体调度控制；另一类是属于运行平面的 Node，每个 Node 会被 Master 节点分配一些容器。当某个 Node 宕机时，Master 节点负责自动将受到影响的容器转移到其他节点上。无论是 Master 节点还是 Node，都对应一个宿主机 Linux 操作系统。这些宿主机操作系统可以是物理服务器上的 Linux，也可以是虚拟机的 Linux。

　　一般称一个 K8S 系统为 K8S 集群（cluster）。一个 K8S 集群由一个 Master 节点和若干个 Node 组成，如图 5-8 所示。

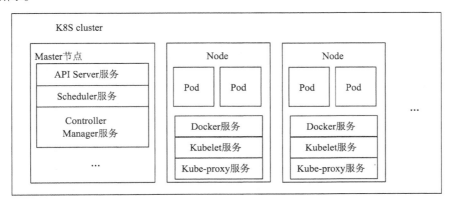

图 5-8　K8S 集群

　　Master 节点主要提供如下服务。

　　（1）API Server 服务：整个系统的对外接口，供客户端或其他组件调用。

　　（2）Scheduler 服务：负责对资源进行调度，如分配某个请求的 Pod 到某个 Node 上。

　　（3）Controller Manager 服务：维护集群状态、故障检测、自动扩缩容等。

　　Node 主要提供如下服务。

　　（1）Docker 服务：即 Docker 引擎，实现容器的创建、删除等具体动作。

　　（2）Kubelet 服务：负责具体的容器生命周期管理，管理容器，并向 Master 节点上报 Pod 运行状态等信息。

　　（3）Kube-proxy 服务：一个简单的网络访问代理，同时是一个负载均衡器，负责将某个访问请求分配给某个 Pod。

　　Node 可以动态加入到 K8S 集群中，Kubelet 会向 Master 节点进行注册。一旦 Node 被纳入集群管理，Kubelet 会定时向 Masker 节点汇报自身的信息，如操作系统、Docker 版本、所在服务器的 CPU 和内存使用情况，以及之前有哪些 Pod 在运行等，这样 Master 节点即可以获得每个 Node 的资源使用情况，实现高效均衡的资源调度策略。当某个 Node 超过一定时间不上报信息时，Master 节点会判定其"失联"，该 Node 的状态会被标记为不可用，随后 Master 节点会触发相关容器的迁移流程。

5.1.2　容器在 5G 中的应用

　　伴随着信息技术的飞速发展，虚拟化的概念早已经广泛应用到各种场景中。从 20 世纪 60 年代 IBM 推出的大型主机虚拟化，到后来以 Xen、KVM 为代表的虚拟机虚拟化，再到现在以 Docker 为代表的容器技术，虚拟化技术自身也在不断进行创新和突破。

　　传统的虚拟化既可以通过硬件模拟来实现，也可以通过操作系统软件来实现。而容器技术充分利用了操作系统本身已有的机制和特性，在共享 Linux 操作系统内核的基础上进行了进程级的虚拟化，以实现不同于传统虚拟机技术的轻量级虚拟化。因此，有人将容器称为"新一代的虚拟化"技术。

1. 容器在 5G 中的意义

　　5G 时代为什么要引入容器？这要从 5G 领域的另一个关键技术应用——（微）服务化解耦讲起。

5G 借鉴 IT 产品的思路，将传统的大型、复杂的单体式软件系统架构解构为多个独立的服务化模块（微服务模块）。这些微服务模块数量庞大、粒度细，彼此之间弱耦合，通过服务管理框架进行管理和通信，可以独立开发、部署和运行。基于微服务架构解耦后的产品可以灵活组合重构、快速上线、敏捷交付。而基于虚拟机的虚拟化技术，由于粒度过粗而无法快速地创建和重构，无法满足微服务独立部署、独立升级的诉求。同时，由于其资源利用率低，也无法满足敏捷交付的诉求。在这种情况下，容器作为轻量级的虚拟化技术，成为运行微服务程序的最佳载体。它的粒度比虚拟机更细、更轻量级，使用的资源更少、更灵活，便于在大流量时进行快速部署、快速扩容，更容易匹配和满足微服务的微粒度、独立部署和升级的要求。

2. 容器在 5G 核心网中的部署方式

5G 采用微服务架构，容器是微服务的最佳载体。那么华为 5G 核心网的容器和容器管理又是如何实现的呢？

5.1.1 节已经介绍了容器和虚拟机之间的差异。两者各有优劣，没有好坏之分，只有更适用于哪种场景。在 5G 核心网场景中，容器更适合承载网元，因为容器的轻量化和灵活性很符合 5G 核心网微服务架构的要求。容器既可以运行在物理机上，也可以运行在虚拟机上。此时，容器可以理解为操作系统上的一种应用。那么在 5G 核心网场景中，容器是部署在物理服务器上还是虚拟机上呢？

下面介绍目前容器的 3 种主要部署方式。

（1）虚拟机容器。

虚拟机容器部署模式如图 5-9 所示。虚拟机容器部署 VNF 可以和现有的 VNF 共用基础设施。基础设施层（如 OpenStack）屏蔽了硬件，容器管理器与硬件基础设施完全解耦，承载容器的虚拟机可以从基础设施层中的物理机中抽象出来。基础设施层可以兼容多个厂商自带的容器管理器，提供多厂商集成能力，不同厂商的容器管理器可以部署在同一个虚拟化平台上，对用户来说可以减少单一厂商锁定的风险。在虚拟机上部署容器化 VNF，容器可以通过更灵活的方式实现租户间的安全隔离，利用虚拟机的迁移能力实现容器迁移，但性能也会受到虚拟机自身性能的限制，因为从物理机到虚拟机的虚拟化过程本身也消耗了一部分性能。

（2）基础设施层扩展裸机容器。

基础设施层扩展裸机容器部署模式如图 5-10 所示。扩展裸机是在云计算中计算资源的一种交付方式，不同于虚拟机的是，扩展裸机并没有经过虚拟化，而是直接将物理服务器交付给用户，为用户提供更高的处理性能和资源。同时，扩展裸机同样也被云计算平台（即基础设施层软件）管理，实现自动和按需的资源下发。

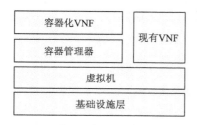

图 5-9　虚拟机容器部署模式

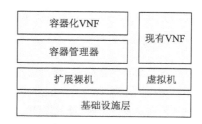

图 5-10　基础设施层扩展裸机容器部署模式

基础设施层扩展裸机容器部署 VNF 可以和现有的 VNF 共用基础设施，但容器平台直接运行在物理机（基础设施层直接发放的裸机）上，需要与硬件基础设施深度集成。由于容器管理器还没有完全标准化，容器管理器只能管理自身平台的容器节点，运行在不同硬件上的容器平台不能互相兼容。在裸机上部署容器时，直接通过物理机隔离来实现租户隔离，不如虚拟机隔离灵活，但隔离性更好；无法实现容器热迁移，但没有虚拟化层的性能损耗，容器性能较好。

（3）纯裸机容器。

纯裸机容器部署模式如图 5-11 所示。该模式没有基础设施层，因为现有 VNF 部署在虚拟化平台上，所以纯裸机容器部署 VNF 无法和现有 VNF 共用基础设施，容器管理器需与硬件基础设施深度集成。和基础设施层扩展裸机容器一样，运行在不同硬件上的容器管理器不能互相兼容。此外，裸机隔离不如虚拟机隔离灵活，无法实现容器热迁移，但性能较好。

图 5-11　纯裸机容器部署模式

容器起源于 IT，能力围绕 IT 场景构建。但是，IT 和 CT 的应用有着本质的不同。IT 面向数据，大多是无状态的计算密集型应用；而 CT 面向连接，大多是有状态转发的密集型应用。IT 是互联网厂商自运营的，为应用提供平台服务（如淘宝、微信）；CT 是运营商与设备供应商联合运营的，为租户提供连接服务（如宽带、语音），对多租户安全性、可靠性等能力要求更严苛。

因此，容器在面向 CT 方面还存在诸多的挑战。第一，容器隔离性不足，在多租户环境下存在安全风险；第二，容器在组网能力方面存在不足，如不能支持多网络平面部署，而 CT 应用通常需要进行多平面部署（控制面、用户面、管理面分离）以提供基本的可靠性和安全性；第三，容器在面向电信级可靠性和高性能需求方面的能力不足，需要进行能力补齐；第四，CT 的多厂家、多部件合作依赖流程与接口的标准化，而当前基于容器引入 CT NFV 的行业标准不足，进展缓慢。

这些挑战要求在 CT NFV 领域引入容器时，必须提供针对性的增强解决方案。华为目前的 5G 核心网解决方案中，采用了虚拟机容器的部署方式。在虚拟机容器方式下，可以对虚拟机和容器两者的优势进行互补，其中，虚拟机重点解决资源虚拟化问题，容器重点解决敏捷发布问题。两者结合，方案更成熟、稳定。中心 DC 通常规模较大，有很好的资源共享基础；而运营商通常会部署多个厂家的不同应用，需要具备良好的多租户安全性；中心 DC 多为控制面应用，对安全性、可靠性要求更为严格。因此，5G 核心网在中心 DC 中会持续采用虚拟机容器部署模式。在规模较小、资源受限、应用种类较少（单厂家垂直集成）的边缘数据中心，随着裸机容器的技术成熟度和商用成熟度的发展，运营商会考虑采用裸机容器部署模式。

5.1.3　华为 5G 容器解决方案

以上介绍了业界通用、开源的容器技术和容器在 5G 中的应用方式。下面将介绍如何实现 5G 容器解决方案。

1. 容器的虚拟机部署模式

5G 核心网采用了容器的虚拟机部署方式，需要对传统的 NFV 模型做出相应的调整。在图 5-12 中，对传统 NFV 模型和容器化 NFV 模型进行了对比，其中，传统 NFV 模型如图 5-12（a）所示，容器化 NFV 模型如图 5-12（b）所示。

相比于传统的 NFV 模型，容器化模型增加了容器即服务（Container as a Service CaaS）层，以及连接 VNFM 的接口，该接口提供以下能力。

（1）提供容器编排、部署与调度能力。

（2）支持容器 CT 增强能力，包括大页内存（以提升物理机内存访问效率）、共享内存（以提高物理机内存利用率）、DPDK（使用网卡可以直接访问用户态应用，从而实现旁路内核态、减少内存复制、提升物理机网卡访问能力）、CPU 绑核（即绑定某个进程到一个或者多个固定的 CPU 核心上）、隔离（即禁止进程访问一个或者多个 CPU 核心）等。

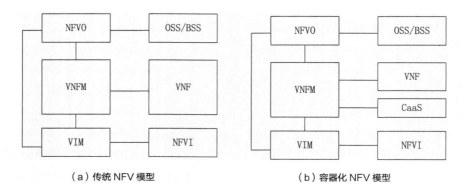

（a）传统 NFV 模型　　　　　　　　　（b）容器化 NFV 模型

图 5-12　传统 NFV 和容器化 NFV 模型对比

（3）支持容器网络能力，包括 SR-IOV+DPDK，并支持网络多平面（即一个容器可以处于多个网段中，可以实现多个网段的访问）。

（4）支持虚拟机容器 IP-SAN（即基于 iSCSI 协议的共享存储设备）块存储能力。

同时，VNFM 需要做出如下调整。

（1）提供 VNF 容器资源管理入口。

（2）提供容器化 VNF 生命周期管理，包括实例化、卸载、弹性伸缩、透传升级接口等能力。

（3）提供容器告警、关键性能指标（Key Performance Indicator，KPI）监控。

VNF 的构建需要补充新的模板类型，这将在后文中详细介绍。

介绍了业界的 Docker、K8S 以及容器在 5G 核心网中的部署模式之后，下面将介绍华为公司如何实现容器 CaaS 层服务。对于面向电信领域的真正商用的容器平台，用户存在很多现实性的诉求，如运行监控、问题定位、高效开发等。当前这部分的标准化工作尚处于早期阶段，所有电信领域的增强容器平台都是厂家独有的，还没有标准化的容器平台。FusionStage 即是华为公司针对电信行业进行增强后的容器平台产品。

FusionStage 是基于开源平台 K8S 和 Docker 构建的。华为通过在社区的积极努力，确保了商业增强和社区发展之间的协同发展。注意，在华为 IT 产品线市场上也有独立的 FusionStage 产品，隶属于 PaaS 的范畴，是面向 IT DevOps 自运营的平台，覆盖从开发到运行再到维护的全流程服务，包括应用开发流水线框架、资源管理与应用生命周期管理、微服务运行与管理框架、公共服务组件等。5G 核心网解决方案仅仅需要资源管理与应用生命周期管理的部分，本节将主要介绍这部分功能。

资源管理与应用生命周期管理功能，即容器平台的功能，主要提供容器化应用的运行环境和生命周期能力，负责容器化应用的上线、实例化、正常运行、弹性伸缩、基础运维和下线等。

基于 FusionStage 的华为 5G 核心网整体架构如图 5-13 所示。在图 5-13 中，Pod 中的 C 代表 Container（即容器），PaaS Agent 即是图 5-8 中 Node 的 3 个服务（即 Docker、Kubelet、Kube-proxy）。Node 的数目根据实际需求确定。5G 核心网继承了 NFV 场景的基本架构，管理面部署 FusionSphere（华为虚拟化平台）、U2020（云核心网网管）、eSight（物理设备网管）等，业务面部署业务 VNF。FusionStage 是一个需要独立进行安装部署的产品部件，依据目前 5G 核心网的网络规划设计，通常以虚拟机的形式将 FusionStage 和 FusionSphere/U2020/eSight 一起安装在管理节点（用于管理容器生命周期和监控功能的节点）上。在 FusionStage 的安装过程中，K8S 中的 Master 节点也随着 FusionStage 的安装成功部署在管理节点上。而 Node 需要后期部署 VNF 时在计算节点上进行创建，由 FusionStage 进行虚拟机纳管并基于此进行容器的部署管理。

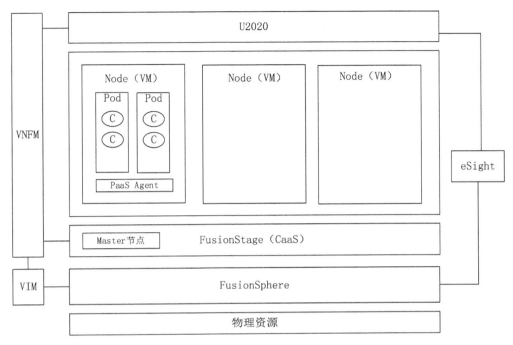

图 5-13 基于 FusionStage 的华为 5G 核心网整体架构

华为 5G 核心网物理部署方案如图 5-14 所示。在该方案中，有一个管理节点（物理服务器）和三个计算节点（物理服务器）。

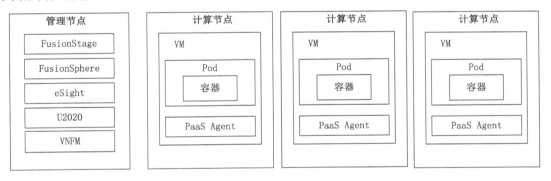

图 5-14 华为 5G 核心网物理部署方案

5G 核心网整体系统架构的主要变化在于新增了 FusionStage 部件，以及与 FusionStage 对接的部件在接口上发生的一些变化。

（1）VNFM：VNF 生命周期管理的总入口。容器相关管理入口都在 VNFM 中，由 VNFM 完成和容器平台的对接。VNFM 在继承原来虚拟机的生命周期管理和调度功能的基础上，为 FusionStage 提供了虚拟机类型的 Node，并新增了对云应用拓扑编排标准（Topology Orchestration Specification for Cloud Applications，TOSCA）模板的管理，透传给 FusionStage 进行容器的部署。其对外提供容器的生命周期管理、告警、KPI 监控，以及 FusionStage 本身运维的告警和 KPI 监控等。

（2）FusionStage：通过与 VNFM 之间的接口，实现对虚拟机节点的纳管，并在虚拟机节点上实现应用（Pod）的生命周期管理和调度。

2. 5G 网元生命周期管理

在容器化背景下，5G 核心网产品网元的软件包也发生了一些变化。NFV 虚拟机场景下的产品网元的软件包组成如表 5-2 所示。

表 5-2　NFV 虚拟机场景下的产品网元的软件包组成

组　件	描　述
VNFD 模板	定义待部署虚拟机的类型、数量、网络等信息
Guest OS 镜像包	虚拟机的欧拉操作系统（华为自研操作系统）镜像包，网元所在虚拟机的虚拟机操作系统
网络功能镜像包	业务软件包，包含虚拟网元软件镜像，如 vEPC、vIMS 等网络功能的软件载体

容器场景下的 5G 核心网产品网元的软件包组成如表 5-3 所示。

表 5-3　容器场景下的 5G 核心网产品网元的软件包组成

组　件	描　述
VNFD 模板	定义待部署虚拟机的类型、数量、网络等信息
TOSCA 模板	定义待部署容器的命名空间、网络、镜像地址等信息
Guest OS 镜像包	虚拟机的欧拉操作系统镜像包，容器所在虚拟机的虚拟机操作系统
Pod 镜像包	一组容器进程的镜像包。业务网元（vEPC、vIMS 等）软件包被拆分为多个 Pod 镜像包，可以单独升级维护。一个产品网元通常由若干个 Pod 镜像包组成，但是在商用发布时可能会组合成一个大的业务软件包进行发布

TOSCA 的模板结构如下。

```
1    node_templates:
2      app-example:             # 定义容器数量和位置
3        properties:            # 节点属性
4          instances: 2         # 定义 app-example 的实例个数
5          annotations:         # 注释 app-example 需要的网络平面
6          - name: "network.alpha.kubernetes.io/network"
7            value: '[{"name": "base1","interface": "eth1"},{"name":"fab1",
"interface": "eth2"}]'
8          labels:     # 定义 app_example 部署的位置和亲和属性
9          - key: "vm"
10           value: "omu"        # app-example 被部署到有 vm:omu 标签的 VM 上
11         affinities:
12           antiself: true      # 每个 VM 上只能有一个 app-example
13     app-component:            # 定义容器镜像规格
14       properties:             # 节点属性
15         package:              # 定义容器包
16           image: swr ip:port/unc/app_component:1.0     # 容器镜像名称
17         resourceSpec:         # 资源定义、CPU、内存、大页内存等
18           requests:
19             cpu: 300m
20             memory: 300Mi
21           limit:
22             cpu: 500m
23             memory: 500Mi
24             hugepageResources:
25               type: hugepages-1Gi
```

```
26                value: 1Gi
27            volumes:              # 卷挂载，即将/opt/host 挂载到容器内的/opt/container 目录下
28             name: example-dir
29             - mountPath: /opt/container
30    app-example-dir:              # 定义容器数据卷
31      properties:                # 节点属性
32        name: example-dir
33        hostPath: /opt/host      # 定义数据卷位置
34    container-network-base:      # 定义容器网络配置
35      properties:
36        name: "base"
37        type: "underlay_ipvlan"  # 定义逻辑网络的类型
38        providerNetwork: ["phy-network-Base"]
39        vlanID: 100              # 定义逻辑网络平面的 VLAN ID
40        subnet: "10.1.0.0/16"    # 定义逻辑网络平面的网段
41        gateway: "10.1.0.254"
42        rangeStart: "10.1.0.1"
43        rangeEnd: "10.1.0.120"
```

模板中定义了 4 种节点。第一种是 app-example（第 2~12 行），定义了容器数量和位置；第二种是 app-component（第 13~29 行），定义了容器镜像规格；第三种是 app-example-dir（第 30~33 行），定义了容器数据卷；第四种是 container-network-base（第 34~43 行），定义了容器网络配置。具体配置解释请参考注释。

在 5G 核心网系统架构中，在 FusionSphere 和 FusionStage 已经部署和配置完成的情况下，业务网络功能的创建流程如图 5-15 所示。

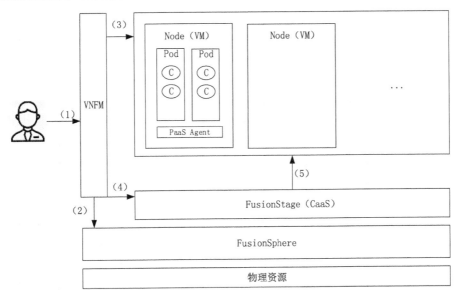

图 5-15　业务网络功能的创建流程

创建网元的过程如下。

（1）安装部署人员登录 VNFM，导入 VNFD 和 TOSCA 模板，同时导入 Guest OS 镜像包和业务 Pod 镜像包，启动 VNF 部署过程。

（2）VNFM 接收到 VNF 启动部署通知后，向 FusionSphere 申请创建虚拟机的相关 I 层资源。

（3）VNFM 与 FusionSphere 交互，根据 VNFD 模板和 Guest OS 镜像完成虚拟机的创建。

（4）VNFM 通知 FusionStage 进行虚拟机纳管。FusionStage 在纳管虚拟机时，会将虚拟机当作 K8S 系统中的 Node（一个虚拟机对应一个 Node），在 Node 中装载 Docker、Kubelet、Kube-proxy 等服务。

（5）FusionStage 在 Node 中根据 TOSCA 模板和 Pod 镜像创建业务所需的 Pod 和容器，完成网元的创建。

以上是容器化网元的创建过程，VNFM 作为生命周期管理的总入口，配合 FusionStage 完成容器的生命周期管理。容器化网元的生命周期管理过程都是类似的，包括卸载、升级、扩缩容等。

5.2　5G 中的微服务

容器是操作系统级别的虚拟化，相比服务器虚拟化具有轻量化、敏捷化的特点，使用容器承载 VNF 是 5G 核心网的重要设计思想之一。在第 2 章中已经介绍了 5G 核心网要基于 Cloud Native 构建，而微服务是 Cloud Native 的关键概念之一。基于微服务架构的软件设计已经在 IT 领域中大规模商用。IT 应用采用微服务架构的原因主要有两个：一是由互联网业务特点驱动，用户需求变化快、访问量大，软件架构必须适应业务需求；二是单体架构维护成本高、持续交付周期长、可扩展性差，必须采用新架构来解决这些问题。

CT 领域应用也存在类似的痛点，而且 CT 是在标准的网络架构下定义网络功能和协议接口，系统稳定但缺乏灵活性，限制了业务的迭代速度。这些问题需要借助微服务架构来解决。基于服务的架构，5G 核心网网元需要实现微服务解耦，将紧耦合的单体结构拆解为松耦合的多个微服务，这些微服务可以独立部署、升级和扩展，有利于实现业务的快速迭代和创新。

5.1 节中已经介绍了容器技术。容器技术和微服务架构的联系如下。

（1）按照微服务的理念，如果使用容器作为基础设施，则能够实现业务的快速部署和迭代。

（2）在云计算浪潮中，容器作为替代虚拟机的基础设施受到高度关注，目前已成为微服务架构的最佳载体。

（3）容器的管理平台 Kubernetes 作为几乎实际默认的容器化平台标准，集成了配置中心和注册中心，很自然地实现了微服务架构中配置中心和注册中心的功能。

5.2.1　微服务

V5-2 微服务介绍

关于云化软件的架构实现，业界有许多探索和实践。微服务化架构是近两年业界在实现云化软件架构中总结出来的一种架构模式。微服务本身没有一个严格的定义，业界对于微服务的架构模式在实践中给出了概括性的描述。

微服务架构是一种架构模式，它提倡将单一应用程序划分成一组小的服务，服务之间相互协调、相互配合，为用户提供最终价值。每个服务运行在其独立的进程中，服务与服务之间采用轻量级的通信机制互相沟通。每个服务都围绕着具体业务进行构建，并且能够被独立地部署到生产环境或类生产环境中。另外，应尽量避免统一、集中式的服务管理机制，对于具体的服务，应根据业务上下文，选择合适的语言、工具进行构建。

微服务架构模式的核心是将复杂应用划分成细粒度、轻量化的自治服务，并围绕微服务开展服务的开发和治理，这是实现云化软件的一种架构模式。这样开发软件就像盖房子，房子由建筑构件和框架组成，一个高效的软件系统最终由小功能的软件构件加上软件架构组成，如图 5-16 所示。

图 5-16 软件架构类比

在实践中，微服务架构模式中的微服务具有如下几个主要特点。

1. 小

微服务架构通过对特定业务领域进行分析和业务建模，将复杂的业务逻辑剥离成为小而专一、耦合度低并且高度自治的一组服务，每个服务都是很小的应用。虽然强调每个服务的小，但是每个微服务本身还是完整的应用，这与通常的组件、插件、共享库是有区别的。微服务的规模没有严格的定义，通常一个微服务的开发团队有 6~8 人，一个微服务的架构重构可以在 2 周内完成描述并确定一个大致的规模。开发团队能够完成的开发规模即是一个微服务规模的上限。

2. 独

独，指的是微服务的独立性。这里的独立性主要是针对一个微服务应用的交付过程而言的，即开发、测试及部署升级的独立。在微服务架构中，每个服务都是一个独立的业务单元。这个业务单元在部署形态上是独立的业务进程。对某个微服务进行改变，不会影响其他的服务。每个微服务都有独立的代码库。某个微服务的代码修改，不会影响其他的微服务。每个微服务都有独立的测试验证机制，不必担心因破坏完整功能而开展大范围的回归测试（这往往是现有大集成、全覆盖测试研发模式中消耗很大，而测试结果却不让人放心的地方）。

3. 轻

微服务强调服务自治，因此服务之间的交互必须采用消息通信的方式予以开展。从效率的角度来看，应当选择轻量级的通信机制。在软件实现的实践上，REST API 的方式被广泛采用。这种通信机制的优点是与语言无关、与平台无关，并且十分便于制定通信协议，保证了接口的前向兼容性。在从传统软件架构向微服务化架构演进的过程中，业界实践也部分保留了远程过程调用（Remote Procedure Call，RPC）的通信机制，但要求基于 RPC 制定通信协议，以保证接口的前向兼容性，这实际上是为了支撑服务之间的独立和松耦合。

4. 松

松是指微服务间松耦合，每个微服务可独立部署，互相之间没有部署先后顺序的依赖。微服务的接口前向兼容新发布的服务或者某个服务的新版本，单个微服务的上线对于其他服务而言不会产生关联，可以独立地发布和升级而不影响其他服务的正常运行。实现微服务间松耦合时还有一点需要注意，即一个微服务完成且最好仅完成一件事，业务逻辑的独立是微服务间解耦的关键。

和传统的单体架构相比，微服务架构在灵活性方面有其特有的优势。当然，没有一种架构是完美无缺的，微服务架构也有不足。图 5-17 以一个简化的电商软件架构为例，展示了单体架构和微服务架构之间的区别。

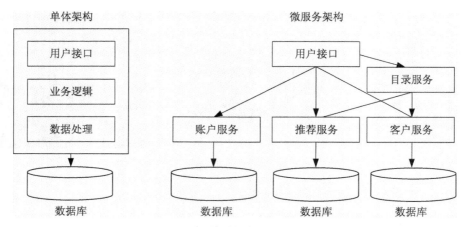

图 5-17　单体架构和微服务架构之间的区别

在单体架构中，用户接口、业务逻辑和数据处理功能都处于同一个进程中；而在微服务架构中，各个功能模块被拆分为不同的服务进程，这些进程之间通过轻量级的通信机制互相沟通。微服务架构与单体架构的对比如表 5-4 所示。

表 5-4　微服务架构与单体架构的对比

对比项	单体架构	微服务架构
资源效率	针对确定环境进行的良好设计可以达到效率最大化；一旦环境变更就有可能引起巨大的资源浪费	微服务粒度的实例化和扩缩可以实现效率最大化；但拆分过细会增加基础开销和跨服务通信开销
维护效率	开发维护复杂度随着体量的增加而快速增加；良好的设计可以简化最终用户的操作	全功能团队独立维护微服务可以提升开发、运维效率；但呈现过多细节给用户会导致管理维护成本增加
敏捷	较弱，无法支持敏捷发布	优秀，良好的解耦显著提升了敏捷性
性能	优秀，通常有最好的表现	中等，过度拆分会增加时延，降低性能

5.2.2　微服务治理

微服务产品众多，而且随着 5G 业务生态的不断壮大，微服务可能会越来越多，必须有一套微服务治理机制来保障微服务之间的交互与通信能够快速、安全、可靠地完成。业界微服务治理的一种解决方案是使用 K8S 的容器管理功能。在华为 5G 核心网产品中，根据自身特点也提供了一套完整的自研的微服务治理机制。该机制基于一个微服务框架来实现微服务注册、微服务发现、微服务间通信、微服务订阅、微服务注销等，以保证系统正常可靠运行。以下是对华为 5G 微服务解决方案中的微服务治理的介绍。

1．微服务注册

容器实例化完成及微服务上线后，需要向微服务框架注册，以确立自身在系统中的"合法身份"，微服务注册完成后，以微服务实例的形态存在于系统中，此时可以被其他微服务发现。

2．微服务发现

当一个微服务需要和其他微服务通信时，首先需要向微服务框架发起请求，发现其他微服务后才能与之通信。

3. 微服务间通信

微服务发现完成后，两个微服务之间即可通过微服务框架进行通信。

4. 微服务订阅

一个微服务可以向微服务框架请求订阅其他微服务，以便及时了解指定的微服务的状态。当被订阅的微服务状态发生变化（如下线或故障）时，订阅微服务可以采取相应的调整措施。

5. 微服务注销

微服务下线时（如在 Pod 缩容场景下），需要向微服务框架申请注销。注销成功后，微服务框架还需要知会订阅了该服务的其他服务。

下面以 AM（5G 移动性管理）和 ANIM（无线侧的接口管理功能）两个微服务的通信过程为例，阐述微服务治理过程，如图 5-18 所示。

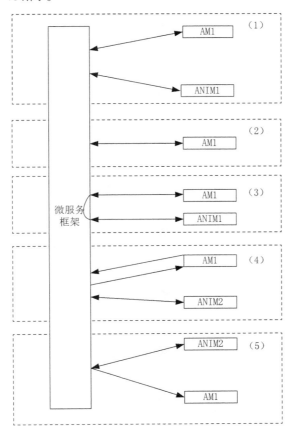

图 5-18　微服务治理过程

（1）注册：AM1 和 ANIM1 注册到微服务框架上。

（2）发现：AM1 向微服务框架发现其他微服务，微服务框架返回 ANIM1 给 AM1。

（3）通信：AM1 和 ANIM1 通信。

（4）订阅：AM1 向微服务框架订阅其他微服务，微服务框架返回 ANIM2 给 AM1。

（5）注销：ANIM2 注销，微服务框架通知 AM1 其订阅的微服务实例已注销。

5.2.3　华为 5G 微服务解决方案

为了适应 5G 核心网的扩展性、灵活性，华为提供了 5G 核心网微服务解决方案——统一网络控制器（Unified Network Controller，UNC）。UNC 采用微服务框架，承载了 5G 核心网的 AMF、SMF、NRF 以及 NSSF 的功能。UNC 微服务架构由一系列微服务（Micro Services）和一个微服务框架（Micro Service Governance Framework）组成。

图 5-19 所示为 UNC 微服务架构（注意，图 5-19 中的网络存储功能（Network Repository Function，NRF）和网络切片选择功能（Network Slice Selection Function，NSSF）既是网络功能的名称也是业务微服务的名称，请勿混淆）。

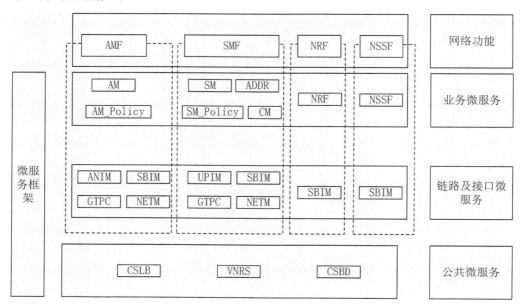

图 5-19　UNC 微服务架构

微服务框架用来管理微服务上线注册、微服务间通信、微服务发现及订阅、微服务注销等，保证系统正常、可靠运行。UNC 中包含以下 3 类微服务。

（1）业务微服务：与上层业务逻辑相关的微服务，如 AM 承载了移动性管理和接入管理功能。

（2）链路及接口微服务：负责外部请求到微服务间的消息分发，如来自无线侧的消息需要经过 ANIM 的处理后再转发给 AM。

（3）公共微服务：为系统提供公共服务的微服务。例如，进入 UNC 的所有消息需要经过 CSLB（云业务负载均衡）的处理、转发后才能到达目标微服务，微服务的分布式数据存储需要经过 CSDB（云会话数据库）处理。

UNC 微服务的简要介绍如表 5-5 所示。

表 5-5　UNC 微服务的简要介绍

微服务类别	微服务	归属 NF	功能描述
业务微服务	AM（Access and Mobility Management）	AMF	5G 移动性管理，接入管理功能

续表

微服务类别	微服务	归属 NF	功能描述
业务微服务	AM_Policy（Access Management Policy）	AMF	5G 移动性管理，接入管理策略功能
	SM（Session Management）	SMF	会话管理功能
	SM_Policy（Session Management Policy）	SMF	会话管理策略功能
	ADDR（Address Allocator）	SMF	地址分配功能
	CM（Charging Management）	SMF	计费功能
	NRF（Network Repository Function）	NRF	NRF 的全部功能
	NSSF（Network Slice Selection Function）	NSSF	NSSF 的全部功能
链路及接口微服务	ANIM（Access Network Interface Management）	AMF	和无线侧的接口管理功能
	SBIM（Service-based Interface Management）	AMF、SMF、NRF、NSSF	服务化接口管理功能
	GTPC（GPRS Tunneling Protocol for Controlling）	AMF、SMF	GTP-C 路径管理
	NETM（Network Topo Management）	AMF、SMF	网络拓扑管理
	UPIM（User Plane Interface Management）	SMF	UPF 侧的接口管理功能
公共微服务	CSLB（Cloud Service Load Balancer）	—	提供移动报文分发服务、业务的负载均衡功能
	VNRS（Virtualized Network Routing Service）	—	提供 IP 路由转发功能
	CSDB（Cloud Session Database）	—	提供数据存储、备份和同步功能

至此，已经介绍了华为容器管理平台 FusionStage 和华为云核心网微服务 UNC。图 5-20 所示为 5G 网络中的容器和微服务在 NFV 中的模型。其中，一种网络功能可以被拆解为多个微服务，一种微服务由多个 Pod 组成，一个 Pod 包含一个或者多个容器。一台宿主机可以承载多台虚拟机，一台虚拟机可以承载多个 Pod。最终，5G 网络中的虚拟网络功能被转化成容器，运行在云化的 IT 基础设施上。

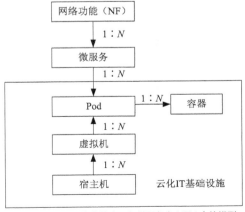

图 5-20　5G 网络中的容器和微服务在 NFV 中的模型

5.3 本章小结

　　容器和微服务作为 5G 云化的关键技术，现阶段主要应用于云化核心网。本章先介绍了容器的基本概念和关键技术、开源容器管理引擎 Docker、开源容器集群管理平台 K8S，以及华为 FusionStage 容器管理平台；又介绍了微服务的概念，以及华为 5G 的微服务解决方案 UNC，并通过实例介绍了微服务治理的过程。

　　通过本章的学习，读者可以对 5G 云化核心网的框架有基本的了解。

课后练习

1. 选择题

（1）下列（　　　）不是云原生的特征。

　　A. 无状态　　　　　　　　　　　　　B. 分布式存储

　　C. 服务解耦　　　　　　　　　　　　D. 服务器虚拟化

（2）K8S 最小的管理单元是（　　　）。

　　A. Pod　　　　　　　　　　　　　　B. Cluster

　　C. Node　　　　　　　　　　　　　　D. Container

（3）容器技术中，（　　　）技术用来限定一个进程可以使用的资源，如 CPU、内存、磁盘空间等。

　　A. Cgroup　　　　　　　　　　　　　B. Namespace

　　C. UnionFS　　　　　　　　　　　　D. 仓库技术

（4）（　　　）网络功能用来实现会话管理功能，负责隧道维护、IP 地址分配和管理、UP 功能选择、策略实施和 QoS 中的控制、计费数据采集、漫游等。

　　A. AMF　　　　　　　　　　　　　　B. SMF

　　C. NRF　　　　　　　　　　　　　　D. NSSF

（5）【多选】在 5G 核心网中，如果需要创建网元，则安装部署人员需要登录 VNFM，导入（　　　）模板。

　　A. VNFD　　　　　　　　　　　　　B. TOSCA

　　C. 容器镜像　　　　　　　　　　　　D. 虚拟机镜像

（6）【多选】在软件实践中，REST API 方式被广泛采用。这种通信机制的优点有（　　　）。

　　A. 语言无关　　　　　　　　　　　　B. 平台无关

　　C. 便于制定通信协议　　　　　　　　D. 保证接口的前向兼容性

（7）【多选】UNC 中包含（　　　）。

　　A. 业务微服务　　　　　　　　　　　B. 微服务框架

　　C. 链路及接口微服务　　　　　　　　D. 公共微服务

（8）【多选】下列 UNC 中包含的微服务属于链路及接口微服务的是（　　　）。

　　A. NRF　　　　　　　　　　　　　　B. NSSF

　　C. ANIM　　　　　　　　　　　　　D. SBIM

（9）【多选】下列 UNC 中包含的微服务属于公共微服务的是（　　　）。

　　A. NRF　　　　　　　　　　　　　　B. CSLB

　　C. VNRS　　　　　　　　　　　　　D. CSDB

（10）【多选】下列 UNC 中包含的微服务属于业务微服务的是（　　）。

　　A. NRF　　　　　　　　B. NSSF　　　　　　　C. ANIM　　　　　　　D. SBIM

2. 简单题

（1）简述容器和微服务在 5G 核心网场景中的关系。

（2）简述容器技术和虚拟化技术的差别及各自的优势。

（3）简述微服务架构相比于单体架构的优势。

（4）在华为 FusionStage 平台上，容器、Pod、虚拟机、微服务和网络功能之间有何关系？

（5）简述微服务的 4 个基本特征。

Chapter

6

第 6 章
边缘计算

随着 5G 时代的到来以及云计算应用的逐渐增加，传统的网络技术已经无法满足终端侧 "大连接、低时延、高带宽" 的需求。业务需要推动网络侧实现对所对应功能的支持，从而诞生了边缘计算的概念。随着边缘计算技术的出现，进一步推动了云计算技术的发展和演进，促使网络将云计算的服务根据需求下沉至用户边缘，为用户提供更优质的体验。在边缘计算概念产生之后，为了更好地发展边缘计算，同时匹配对应的业务场景，由多个国际标准化组织提出并推动了边缘计算概念的发展和标准化，从而使边缘计算更好地落地实施。

本章主要介绍边缘计算的概念、边缘计算的架构、边缘计算常见的应用场景，以及边缘计算在 5G 网络中的应用。

课堂学习目标

- 了解边缘计算的发展历程
- 了解边缘计算的架构
- 了解边缘计算在 5G 网络中的应用

6.1　边缘计算的发展历程

云计算在商业应用中已经取得了巨大的成功，而边缘计算则是云计算继续发酵的产物。本节将介绍边缘计算的产生和发展及边缘计算的定义。

6.1.1　边缘计算的产生和发展

1．边缘计算的产生

随着智能终端、各种各样应用的出现，移动设备产生了大量的数据，与此同时，联网汽车等消费市场的产品，以及垂直领域里的工业级应用、企业园区应用等都会生成大量的数据。移动互联网加速了数据的产生，海量数据又推动了大数据的发展，而大数据又推动了云计算的发展。

但是，随着数据量的持续增加以及数据处理多样化的要求，基于云端的大数据处理面临着诸多挑战。以自动驾驶为例，从业务上看，自动驾驶汽车更像是一个"移动数据中心"，汽车配备了非常多的传感器用以随时随地感知周围环境，并通过与网络侧的交互实现辅助驾驶，频繁的交互会源源不断地产生数据。汽车需要对这些数据进行实时处理与分析，从而生成汽车行驶过程的操纵指令。例如，汽车感知到有车流汇入，就需要实时计算出车速、车距（包括与右侧车、左侧车、前车、后车的距离），进而发出诸如减速或并道等指令。这一系列复杂的计算过程必须是实时或者在极短时间内完成的。此时，如果数据在云端服务器处理，则数据传输过程中较大的时延随时有可能导致一场车祸的发生。

类似这样的数据处理需求正在变得越来越多。可以预见普通人类个体每天产生的数据量将以惊人的速度增长。这些数据可能是智能终端、手表、手环收集的运动数据，也可能来自手机直播、网页浏览等。由于业务极致体验的要求，需要提供计算或服务的数据中心更靠近用户侧，以此来减少业务传输时延，提升用户即时互动体验。新的数据处理需求催生了新的技术和商业模式，这即是边缘计算所产生的大背景。

2．边缘计算的发展

2014 年 12 月，ETSI 与 24 家公司成立了移动边缘计算（Mobile Edge Computing，MEC）行业规范组（Industry Specification Group，ISG）。该组织旨在为跨多厂商 MEC 平台的应用程序集成创建一个标准化的开放环境。MEC 将使运营商和厂商在网络边缘提供云计算和 IT 服务环境，其特点是低延迟和高带宽。

2016 年 11 月 30 日，由华为技术有限公司、中国科学院沈阳自动化研究所、中国信息通信研究院、英特尔公司、ARM 和软通动力信息技术（集团）有限公司联合倡议发起的边缘计算产业联盟（Edge Computing Consortium，ECC）在北京正式成立。该联盟旨在搭建边缘计算产业合作平台，推动运营技术（Operational Technology，OT）和信息与通信技术产业开放协作，孵化行业应用最佳实践，促进边缘计算产业健康与可持续发展。

全球数字化革命正在引领新一轮产业变革，产业变革推动着行业转型。这一波浪潮的显著特点是将"物"纳入智能互连，借助 OT 与 ICT 的深度协作与融合，大幅提升行业自动化水平，满足用户个性化产品与服务的需求，推动从产品向服务运营全生命周期转型，触发产品服务及商业模式创新，给价值链、供应链及生态系统带来了长远且深刻的影响。边缘计算在靠近物或数据源头的网络边缘侧，融合网络、计算、存储、应用核心能力的开放平台，就近提供边缘智能服务，满足行业数字化在敏捷连接、实时业务、数据优化、应用智能、安全与隐私保护等方面的关键需求。

各种标准组织的出现加速了边缘计算的标准化，组织规模的增加可以更好地丰富边缘计算发展的生态，加速了边缘计算在移动网络应用中的落地。而 5G 网络的出现，也为孵化和应用边缘计算提供了更好的网络架构支撑。

6.1.2 边缘计算的定义

通常，边缘计算是指通过在网络边缘的数据中心进行数据处理、在数据来源附近进行数据处理，来优化云计算系统的一种方法。与将数据上传到远程的云端进行处理相比，边缘计算在靠近数据源头的网络边缘提供计算和存储服务。

在标准化初期，MEC 中的"M"是"Mobile"之意，特指移动网络环境。随着研究工作的不断推进，ETSI 现在将"M"的定义扩展为"Multi-access"，旨在将边缘计算的概念扩展到 Wi-Fi 等非 3GPP 的场景下，"移动边缘计算"的术语也逐渐被定义为"多接入边缘计算"（Multi-access Edge Computing，MEC）。但是，目前业界乃至 ETSI 等标准制定组织研究的重点仍是移动场景下的边缘计算，因此很多场合仍称之为"移动边缘计算"。边缘计算相比核心数据中心更靠近终端用户，提供用户所需的服务和云端计算功能；在架构上，其将应用、内容和移动网络核心网部分业务处理和资源调度的功能一同部署到靠近终端用户的网络边缘，通过业务靠近用户处理，以及应用、内容与网络的协同，实现可靠、极致的业务体验。

下面将具体介绍什么是 MEC（这里指 Multi-access Edge Computing）。

首先，名词"Multi-access"即多接入技术，它的前身是"Mobile"。随着网络架构的演进，在 5G 网络中，用户可以通过不同接入方式统一接入 5G 核心网，接受 5G 核心网的统一管理控制。因此，MEC 作为统一业务平台，可以集成多种接入方式下的应用，支持用户使用不同接入方式接入同一场景，为多接入优化提供无处不在的一致性用户体验。从接入种类上来说，MEC 可以支持多样的接入方式，如移动网 2G/3G/4G/5G、固定网络宽带等，通过 5G 核心网实现统一的接入管理和控制，最终数据转发经过 MEC，通过 MEC 应用实现相应的业务功能。例如，在电影院里，用户可以通过不同的接入方式使用 MEC 服务，如 Wi-Fi、5G 无线网络等。

其次，名词"Edge"即边缘，即让网络靠"边"站，如将腾讯公司的服务器和中国移动的核心网网关合在一起放在自家门口，就可以自由地使用腾讯服务。这种结构称为从中心到边缘，即通过网络功能和应用的边缘部署来实现超低时延。如图 6-1 所示，原来的服务是由云计算中心的服务器提供的；在边缘计算场景下，企业将互联网服务提供商的服务器下沉到边缘，以减少数据传输过程中产生的时延，同时缩短内容服务器到用户终端的网络传输距离，减少运营商承载网的压力。

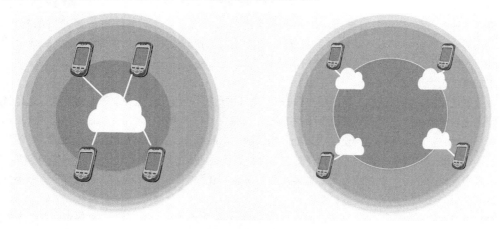

图6-1　从中心到边缘

最后，名词"Computing"即计算，就是将网络的计算能力一起下放到边缘，如视频编解码处理、增强现实/虚拟现实（Augmented Reality/Virtual Reality，AR/VR）渲染、视频分析、人工智能等。例如，在警务安保、车牌识别等视频监控活动中，视频回传流量通常比较大，但大部分画面是静止不动的，没有价值，利用 MEC 提供的计算能力，可以对视频内容进行分析，动态编解码，提取有变化、有价值的画面和片段进行上传，将大量无价值的监控内容暂存在本地磁盘中，并定期进行删除，从而有效地减少了视频流量、节省了传输带宽。

和云计算出现的时候一样，目前业界对边缘计算的定义和说法有多种。ISO/IEC JTC1/SC38（分布应用平台与服务分技术委员会）对边缘计算给出的定义如下：边缘计算是一种将主要处理和数据存储放在网络边缘节点的分布式计算形式。边缘计算产业联盟对边缘计算的定义如下：边缘计算是在靠近物或数据源头的网络边缘侧，融合了网络、计算、存储、应用核心能力的开放平台，就近提供边缘智能服务，满足行业数字化在敏捷连接、实时业务、数据优化、应用智能、安全与隐私保护等方面的关键需求。国际标准组织 ETSI 给出的定义如下：边缘计算在移动网络边缘提供 IT 服务环境和计算能力。其强调靠近移动用户，以减少网络操作和服务交付的时延，提高用户体验。随着 5G 技术的逐步成熟，MEC 作为 5G 的一项关键技术成为行业上下游生态合作伙伴们共同关注的热点。

6.2　边缘计算的架构

通过 6.1 节的介绍，已经了解了边缘计算的概念，以及边缘计算的产生过程。本节将介绍边缘计算的网络架构。首先，介绍 3GPP 和 ETSI 这两个标准化组织对 MEC 的定义和架构描述；其次，介绍 MEC 应用中的关键技术，以及如何通过相应技术实现 MEC 的解决方案，从而实现 MEC 的业务功能。

6.2.1　ETSI 定义的 MEC 架构

根据 ETSI 对 MEC 的定义，MEC 可以被理解为在移动网络边缘运行的云服务器，该云服务器可以处理传统网络基础架构所不能处理的任务。MEC 在逻辑上并不依赖于网络的其他部分，并且 MEC 服务器通常由云化资源池提供资源，具有较高的计算能力，特别适合分析及处理大量数据。由于 MEC 与用户或数据源在地理上非常近，使得网络响应用户请求的时延大大减少了，也降低了传输网和核心网发生网络拥塞的概率。ETSI 定义的 MEC 架构目前已成为通信业界公认的边缘计算网络架构。

在 ETSI MEC 规范中，对 MEC 的网络框架和参考架构进行了定义，MEC 架构如图 6-2 所示。MEC 架构可分为两个层次：MEC 主机层（MEC Host Level）和 MEC 系统层（MEC System Level）。MEC 主机层是 MEC 运行的基本实体组，包含 MEC 主机、MEC 平台管理器和虚拟化基础设施管理器。MEC 系统层位于 MEC 架构顶端，负责 MEC 系统与服务的端到端管理，主要包括 MEC 编排器（MEC Orchestrator）和运营支撑系统等。该架构也可以划分为业务部分和管理部分，其中，业务部分提供业务处理的功能，如图 6-2 左侧部分所示，包含 MEC 应用、MEC 平台、数据面、虚拟化基础设施；管理部分提供资源管理的功能，如图 6-2 右侧部分所示，包含虚拟化基础设施管理器、MEC 平台管理器、MEC 编排器、运营支撑系统。下面将对这些名词逐一进行介绍。

MEC 主机是一个在边缘运行的 MEC 实体，包含 MEC 平台、MEC 应用、数据面和虚拟化基础设施。

MEC 平台主要集成了各种 MEC 应用，实现 MEC 应用的互连和接入，负责 MEC 应用的加载、启停与配置下发，同时提供了 MEC 应用在边缘所需的一些公共服务，如 DNS 处理、业务注册服务、流量规则控制等。

MEC 应用主要提供了各种服务，实现了 MEC 的各种功能。MEC 应用是 MEC 对外呈现功能的核心，MEC 解决方案的具体功能就是由 MEC 应用实现的，如 TCP 优化、视频渲染等应用服务器。

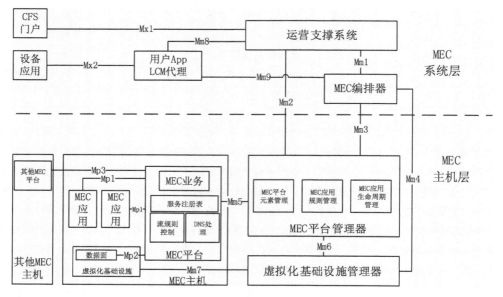

图 6-2　MEC 架构

数据面包含了 3GPP 蜂窝网络、本地网络和外部网络等相关的外部实体，主要是 4G/5G 的网关或者其他数据网关，如 PGW、UPF 等，实现各种数据的输入，将数据流导入 MEC，然后由 MEC 应用提供相应的服务功能。在 ETSI 标准中，数据面明确交由 3GPP 定义，这也是 5G 天然适配 MEC 的原因。简单地讲，3GPP 定义了 5G 网络的标准架构，在一定程度上适配了 MEC 的发展；而 ETSI 定义了 MEC 的标准框架，对边缘计算的商业模式架构进行了标准化。这两个标准化组织的公共部分即是负责数据转发的数据面。在 3GPP 架构中，数据面就是 UPF。因此，数据面是 ETSI 与 3GPP 网络架构融合的关键点。

虚拟化基础设施是由标准的云化平台提供的，主要为上层业务（如 MEC 应用）提供虚拟资源。此处的虚拟化基础设施和 ETSI 定义的 NFV 架构中的基础设施功能类似。

虚拟化基础设施管理器主要完成对虚拟资源的管理，包括计算、存储、网络资源等，接受上层 MEC 平台管理器的需求并完成虚拟资源的分配，根据分配的虚拟资源创建虚拟机等，以实现 MEC 应用或 MEC 平台的功能。

MEC 平台管理器负责不同 MEC 平台的管理，包括 MEC 平台组件、平台上 MEC 应用的生命周期、应用规则和需求的管理，并将管理结果向 MEC 编排器反馈。同时，根据 MEC 编排器下发的业务部署脚本，MEC 平台管理器会将 MEC 应用的镜像和配置等发送给特定位置的 MEC 平台，从而实现 MEC 应用的部署或者配置等功能。

MEC 编排器是 MEC 的核心。MEC 编排器宏观掌控着 MEC 网络的资源和容量，包括所有已经部署好的 MEC 主机和服务、每台主机中的可用资源、已经被实例化的应用及网络的拓扑等信息，并依据这些数据来动态控制整体业务，确保业务满足客户需求。

运营支撑系统提供了用户界面的业务处理功能，完成用户请求转译，并发送给 MEC 编排器完成后续业务。在转译过程中，运营支撑系统从客户服务门户（Customer-Facing Service，CFS）和用户终端接收用户的业务请求，并通过鉴权、完整性保护等措施来确保交互的安全。

在整个架构中，ETSI 还详细定义了各个功能实体之间的接口，并抽象出 3 种不同类型的参考点。

（1）Mp 接口是 MEC 应用相关的参考点。例如，Mp1 是 MEC 的应用和应用集成平台之间的接口，实现应用和应用集成平台之间的交互；Mp2 是数据面和 MEC 应用平台之间的接口，主要功能是按照 MEC 平台的策略将应用数据转发给 MEC 应用处理。

（2）Mm 接口是平台管理相关的参考点。例如，Mm5 接口实现了 MEC 平台管理器对 MEC 平台的管理，包括资源扩缩容、应用部署、应用平台部署等管理操作。

（3）Mx 接口是外部实体相关的参考点。例如，Mx1 接口是外部门户网站和 MEC 编排器之间的接口，主要功能是将客户需求传递给 MEC 编排器，然后将相应的指令发送给 MEC 平台管理器，从而实现 MEC 应用的部署和调整。开发商使用该接口将自己开发的各种应用接入到运营商的 MEC 系统中。企业或者个人用户也可以通过该接口选择感兴趣的应用，并指定其使用的时间和地点。

6.2.2　3GPP 在 4G 网络中定义的 MEC 架构

MEC 有两种典型应用场景：本地应用和业务优化。在本地应用中，提供服务的软件就部署在本地，如 Cloud VR/AR 等；业务优化是指在远端互联网提供业务的基础上进行业务体验提升，提供服务的应用还在远端，如 TCP 优化、视频优化等。针对这些应用场景，3GPP 在 4G 网络中制定了相关的标准方案，如控制面和用户面分离、MEC 标准等，并在 4G 演进和 5G 网络中持续开展标准化工作。

V6-1 MEC 架构

3GPP 定义了移动网络的架构，包括无线接入网、核心网、承载网等。一直以来，核心网作为"调度中心"而分为控制面和用户面。控制面负责建立、管理和分发业务数据的路线，包括具体转发策略。例如，在核心网内部有许多网元负责信令处理，在进行网元选择和交互时使用的即是控制面消息。用户面则负责分发用户的业务数据，实现用户数据转发，如观看视频、浏览网页等。

在 4G 以前，核心网转发网关的控制面和用户面交织在一起，很难剥离，即数据转发设备既负责控制面转发，也负责用户面转发。在 4G 网络架构演进中，3GPP 提出了控制面和用户面分离（Control and User Plane Separation，CUPS，也被称为 CU 分离）方案。3GPP R14 标准中定义了控制面和用户面分离架构，将服务网关 SGW 和 PDN 网关 PGW 的网络功能分别拆分为控制面和用户面，并新增了控制面和用户面之间的逻辑接口，支持控制面对用户面的业务管控。另外，一个控制面可以对多个用户面进行管控。在建立连接和数据转发的时候，控制面根据接入点名称（Access Point Name，APN）等信息选择合适的用户面节点，包括更靠近边缘的用户面，以此满足网关分层次部署的要求。

如图 6-3 所示，4G 网络的 CU 分离会将 SGW 分成 SGW-C 和 SGW-U，将 PGW 分成 PGW-C 和 PGW-U，它们分别完成控制面信令处理和用户面数据转发。在完成 CU 分离的情况下，网络拓扑关系基本没有发生变化，外部的网元还是通过 4G 的接口和 SGW-C/PGW-C 以及 SGW-U/PGW-U 进行通信。SGW-C 和 PGW-C 之间通过 S5-C 接口（即 S5 接口的控制面）、SGW-U 和 PGW-U 之间通过 S5-U 接口（即 S5 接口的用户面）进行通信。另外，添加了控制面和用户面之间的 Sx 接口，包括 SGW 控制面和用户面之间的 Sxa 接口，以及 PGW 控制面和用户面之间的 Sxb 接口，用来将控制面的控制信令（如承载控制、策略传递及资源预留等）由控制面传递给用户面，并由用户面执行相应的策略。

如图 6-4 所示，在 4G 场景下，完成 CU 分离之后，集中式网关（Centralized Gateway，CGW）可以对接多个分布式网关（Distributed Gateway，DGW）。其中，CGW 逻辑上充当 SGW-C 和 PGW-C，负责信令处理；DGW 逻辑上充当 SGW-U 和 PGW-U，负责用户面数据转发。靠近用户侧的 DGW 可以和 MEC 共同部署（即图 6-4 中的"DGW+MEC"），提供用户的各种增强服务。在该场景下，DGW 在 MEC 标准架构中充当数据面，提供分流功能，与 MEC 共同部署；其他核心网网元主要提供控制面的功能，如 HSS、SCEF、PCRF、MME 等，部署在省会中心等位置。下面将重点介绍 SCEF 和 PCRF 在 MEC 中的作用。

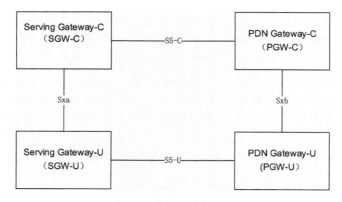

图 6-3 4G CU 分离架构

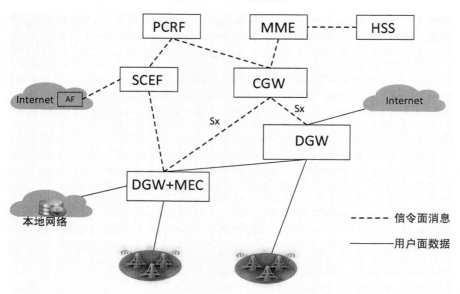

图 6-4 4G CU 分离后的 MEC 部署组网

在 4G 标准中，针对网络能力开放（将 3GPP 网络内部的功能开放给外部网络），3GPP 已定义了核心网 SCEF 为网络统一能力开放设备。网络能力开放主要是应用 SCEF 上的开放 API，来获取诸如用户位置、网络状态等信息，以帮助应用更好地了解边缘业务的状态。应用可以通过 SCEF 来实现网络信息的获取，而网络侧可以通过 SCEF 来实现应用的引入，从而使相应的应用得到更好的协同。SCEF 可以根据 MEC 应用的 QoS 等要求向 PCRF 申请、调整网络资源，以及网络资源事件通知的订阅和取消，还可以将 SCEF 与 MEC 应用之间的协议转换为 SCEF 与 PCRF 之间的 Diameter 协议，简化应用开放要求，提高网络安全性。

如图 6-4 所示，中心部署的 SCEF 可以实现 MEC 应用能力开放，使业务按照业务链进行调用。SCEF 通过与 MEC 或者互联网中的 AF 交互实现能力开放，通过与 PCRF 交互生成策略，然后将策略传递给 CGW 和 DGW，最终实现业务的策略控制。

6.2.3 3GPP 在 5G 网络中定义的 MEC 架构

在 5G 网络中，5G 核心网通过服务化架构等技术彻底将控制面和用户面分离。图 6-5 中的 5G 核心网架构就是 SBA，其中，控制面功能由多个网络功能承载，如 AMF、SMF 等；用户面功能由 UPF 独立担当，用于实现数据转发。该架构使得用户面功能摆脱了"中心化"束缚，使其既可以灵活部署于核心网的中心 DC，也可以部署于更靠近用户的无线接入网络中的边缘 DC。

在图 6-5 中，UPF 即是 3GPP 定义的移动网络架构和 ETSI 定义的 MEC 的公共部分。运营商通常在 MEC 里集成用户面转发的功能，实现 MEC 的本地接入或者本地分流。5G 的网络能力开放通过 NEF 实现。应用通过与 NEF、PCF 的交互来实现应用与网络的协同，获得用户的当前位置等信息，然后根据获得的信息来实时动态地指导用户的流量指向特定的网关。图 6-5 中展示了 MEC 可以和 5G 网络通过 NEF 等网元进行的业务交互，包括业务发放签约（如图 6-5 中 MEC 编排器指向 NEF 虚线所示），同时网络侧监控用户状态并上报通知 MEC 等（如图 6-5 中 NEF 指向 MEC 编排器的虚线所示），从而实现了基于用户的动态信息进行应用触发。如果 OSS 有业务需求需要配置，则 OSS 需要将对应的需求发送给 MEC 编排器，并与 NEF 进行交互，然后通过 PCF 将策略下发给 SMF 和 UPF，从而从网络侧获取用户位置等信息，如图 6-5 中无线接入信息（即"RAN info"）所示。通过对用户位置信息的识别，网络侧可以执行不同的控制策略。

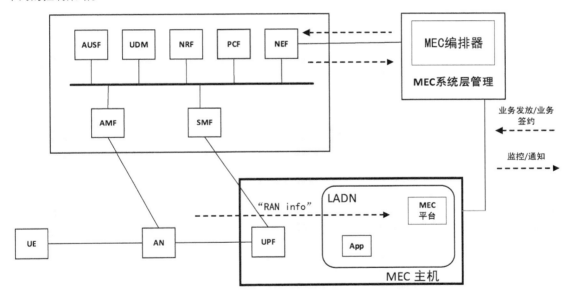

图 6-5　5G 和 MEC 的融合架构

在 3GPP R15 标准中，5G 端到端架构一直将 MEC 本地分流作为需求和特性进行设计，即 5G 是原生的 CUPS 架构，并提出了基于上行分类器（Uplink Classifier，UL CL）、局域数据网（Local Area Data Network，LADN）以及 IPv6 Multi-homing 实时动态本地分流网方案，还针对边缘移动性能力提出了会话与服务连续性（Session and Service Continuity，SSC）解决方案。

UL CL 和 IPv6 Multi-homing 都用于实现本地分流，能够针对不同业务的不同场景进行本地流量疏导。其区别主要是 UL CL 用户侧不感知各种行为，完全是网络侧行为；而 IPv6 Multi-homing 用户侧可以感知使用了哪个目标网络。

LADN 主要针对区域业务而设计。在 5G 场景下，越来越多的行业用户使用 5G 网络。一般将那些只需要在特性区域中接入的企业园类型的业务称为 LADN 业务。

SSC 解决方案主要针对用户终端的连续性要求而设计。其共有 3 种类型：SSC mode1 主要针对连续性场景，如语音呼叫场景；SSC mode2 主要针对不需要连续的场景，如 NB-IoT 中路灯状态监控场景，此场景定时上报路灯状态，不需要连续；SSC mode3 主要针对短时间连续场景，在用户移动的过程中，其有一段时间在网络侧有两个连接，无业务中断，保证了接入的 UPF 都是距离用户较近的 UPF，保证了用户体验，如车联网等低时延需求业务，要求经常变更接入 UPF，保证时延的同时又需要保证业务的连续性。

在 5G 的上述分流方案中，以 UL CL 分流方案为例介绍如下。如图 6-6 所示，SMF 负责会话控制，功能类似于 4G 的 CGW；UPF 负责用户面转发，功能类似于 4G 的 DGW。图 6-6 中 MEC 的部署场景是本地分流场景，UL CL UPF 是负责本地分流的 UPF，主要完成本地业务识别，将本地流量根据提前配置的策略通过 UPF PDU Session Anchor 2 转发到数据网络。其中，PDU 会话锚点（PDU Session Anchor，PSA）将提供数据网接入、UE 地址分配等功能，是数据面转发的网关。

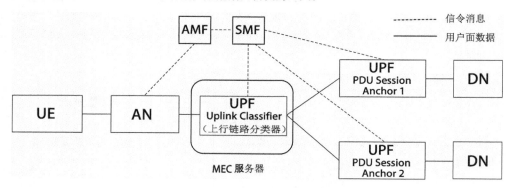

图 6-6　5G UL CL 分流方案

在 5G 网络架构中，还对非 3GPP 接入与 3GPP 接入进行了统一网络架构设计。其中，非 3GPP 接入通过非 3GPP 互通功能（Non-3GPP InterWorking Function，N3IWF）接入 5G 核心网，接受网络的统一管理控制。MEC 作为统一业务平台，可承接多种接入方式下的应用。

6.2.4　MEC 关键技术

为了实现 MEC 的架构及商业模式，MEC 的落地实施需要有一些技术支撑，以实现 MEC 的靠近边缘侧进行计算、提供功能的能力。MEC 的主要关键技术如下。

1. 本地流量卸载

对于区域性的业务，下沉部署的 MEC 可以将本地业务的数据直接分流到本地部署的服务器中，避免了流量在核心网的迂回，减少了业务传输时延。例如，在视频监控数据上传场景下，通过下沉部署的 MEC，某场地的视频监控器的监控数据可以直接上传到本地服务器，不再需要上传到远端的因特网，增强了监控的实时性。例如，在图 6-7 所示的场景下，网络侧需要将 UPF 和 MEC 服务器一起下沉到接入汇聚层，用户数据可以直接通过 UPF-UL CL 访问本地网络，直接进行本地流量卸载，不需要通过核心层 UPF-Anchor 迂回到 Internet 上再进行卸载，如图 6-7 中的双向箭头线所示。在图 6-7 中，单向箭头实线是需要经过中心 UPF 的数据流向，双向箭头线是本地分流量，虚线代表在用户交互过程中信令控制触发的线路，虚线框中是核心网控制面网元。

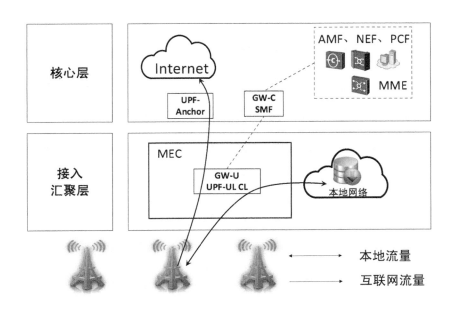

图 6-7　本地流量卸载

2. 边缘计费和控制

在边缘部署的 MEC 支持与核心网的控制面对接协同，实现对本地流量的计费和策略控制。如图 6-8 所示，边缘 DC 的 UPF 可以和中心 DC 的 SMF 进行协同，实现计费和控制。核心网被划分为控制面和用户面，其中，用户面 UPF 的策略从控制面 SMF 获取，包括用户级业务使能策略控制或业务级策略控制，然后由用户面 UPF 执行策略，完成计费上报和策略的执行。在边缘 DC 中，可以实现合法监听（Lawful Interception，LI）、基于 APN 的本地疏导（Local BreakOut，LBO）、基于业务的 UL CL 本地分流、QoS 控制执行等，从而分流流量到本地网络中。中心 DC 可以实现业务策略和用户级策略的生成及下发、基于用户的策略控制等。MEC 的网关用户面（GW-U/UPF）与中心 DC 的 GW-C/SMF 通过接口完成业务策略信息和计费策略信息等的传递，而 GW-U/UPF 作为核心网策略的执行者，执行计费、合法监听、业务控制功能，同时上报计费统计信息，从而实现云边协同。

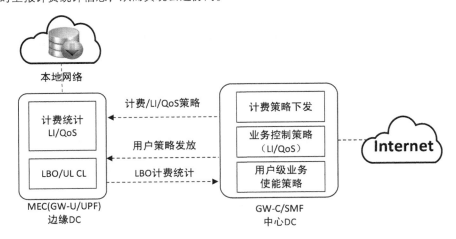

图 6-8　边缘 DC 和中心 DC 计费和控制

3. 网络信息能力开放

如图 6-9 所示，在边缘节点的 MEC 平台上可以集成不同种类的第三方应用，以应对不同的 MEC 商业场景，且 MEC 平台包含了 FW、NAT 等网络功能，不需要额外部署，从而减少了网络设备投资。另外，应用的统一运维、生命周期管理也都可以托管给 MEC 平台，以减少多种应用互连造成的对接上线困难或上线时间长等问题，降低应用上线的复杂度。其中，边缘与核心网协同的网络能力开放主要包含 3 方面：无线网络能力开放 API、核心网的能力开放、MEC 平台能力开放。

（1）无线网络能力开放 API 提供的功能是 RAN 与 MEC API 网关协同，将用户位置信息、小区、用户、承载带宽等信息开放给本地应用。其中，API 网关主要负责和 3GPP 网络内部进行交互，完成 3GPP 网络提供的信息处理。

（2）核心网的能力开放提供 MEC API 网关向中心 NEF 获取用户计费、QoS、业务控制等策略，同时完成用户策略更新，并由中心 NEF 同步下发到 MEC API 网关或由 SMF 下发到 UPF。

（3）MEC 平台能力开放实现编解码转换、IPSec、AI 等各种应用的功能。通过 MEC 平台开放 RESTful API（RESTful 主要用于客户端和服务器交互类软件，提供了一组设计原则和约束条件，使得设计的软件更简洁、更有层次、更易于实现缓存等机制）的方式供本地应用调用，主要完成 MEC 平台和 MEC 应用以及外部应用之间的交互。相比之下，MEC API 网关主要完成和 3GPP 之间的交互，完成网络信息的收集处理。

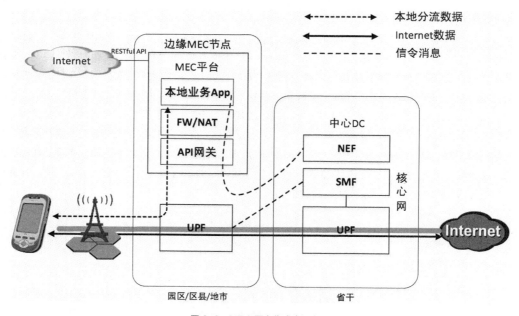

图 6-9 MEC 平台集成应用方案

6.3 边缘计算在 5G 网络中的应用

通过前面的介绍，已经了解了边缘计算的发展过程及网络架构。本节将介绍 MEC 的应用场景和部署关键点。

6.3.1　MEC 应用场景

ETSI 定义了 MEC 七大应用场景，包括视频优化、增强现实、物联网、企业分流、视频流分析、车联网和辅助敏感计算。华为根据产业成熟度，按照由近及远给出了主要的应用场景：企业园区本地分流、CDN 下沉、视频监控、云 VR/AR、车联网、工业控制。下面将逐一进行介绍。

1.　企业园区本地分流

企业园区、校园等大流量业务主要在本地产生、本地终结，数据不外发，并且要实现基于 MEC 的低时延、高带宽的虚拟局域网体验。本场景主要针对在特定区域产生的大量流量，或者因为限制流量不出园区等特点，要求内容服务器部署在园区内部，用户通过园区部署的用户面直接将内容转发给服务器。例如，在校园内部，由于科研实验记录等回传产生的流量、视频监控产生的流量、师生访问学校内网产生的流量等，这部分流量若要通过网络侧上传到校园内部的互联网数据中心机房服务器中，就需要在校园内部部署 UPF，将流量直接转发到服务器机房，保证科研数据等流量不出校园。

2.　CDN 下沉

目前，OTT（如爱奇艺、腾讯、阿里等）的 CDN 节点已经下沉到地市。如果移动网关还在骨干网位置，则会造成传输浪费和体验不佳。将 MEC 部署到地市，可进一步降低传输迂回、降低时延、提升用户体验。如图 6-10 所示，运营商可以根据业务需要、业务体量大小，将边缘缓存应用（即 CDN）下沉到接入网或者地市，然后在地市或者接入网部署 MEC，从而节省承载网带宽、降低传输时延、提升用户体验。从图中可以看到，可以通过下沉网关实现本地分流，直接访问边缘缓存应用、在线转码应用等。如果缓存服务器没有用户所需的内容，则缓存服务器需要从网络侧的内容源下载具体内容，如图 6-10 中路线 1 所示。当用户再次访问或者其他用户进行访问时，内容服务器已经更新了相关内容，缓存服务器可以直接提供相关服务，从而获取更好的体验。与此同时，部分没有部署在 MEC 的应用或者服务需要通过下沉网关，并经过集中式网关，如图 6-10 中路线 2 所示，访问内容服务器，此时，用户使用的是标准网络体验的服务。

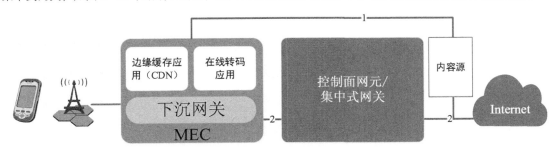

图 6-10　CDN 部署示意图

3.　视频监控

视频监控的回传流量通常较大，但大部分画面又是静止不动或没有价值的。所以，可以在 RAN 网络中部署 MEC 服务器进行视频内容分析和处理，对监控画面有变化的事件和视频片段进行回传，能够有效地减少回传流量。如图 6-11 所示，针对视频监控场景，运营商可以部署相应的 MEC 服务器，主要提供分流功能，然后在本地网进行分析和处理，本地服务器保存价值较低或者临时的视频，有价值的部分视频则回传到互联网核心服务器中，从而减少了承载网的压力，降低了传输成本。

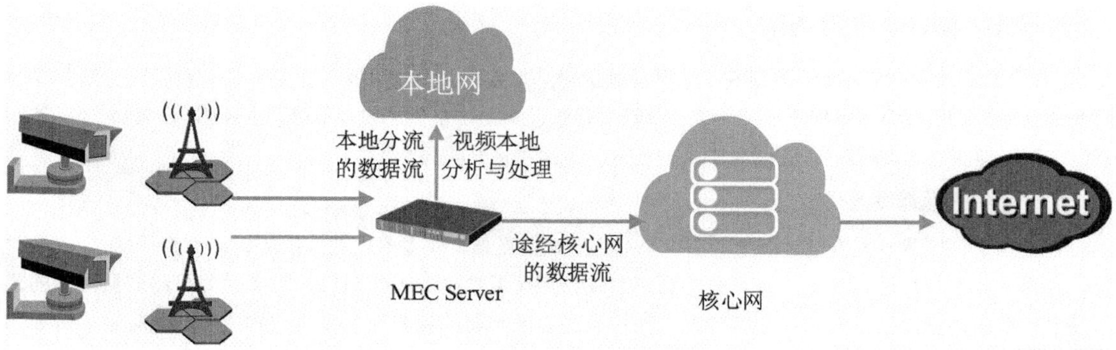

图 6-11 视频监控

4. 云 VR/AR

普通 AR 通过本地服务器和终端进行处理和分析，所以需要线缆、本地处理服务器以及相对笨重的终端。云 VR 通过云端实现运算，终端相对轻便，但需要云端更靠近用户侧，所以需要 MEC 支持。云 VR 有效地解决了终端能力不足的问题，加速了 VR 产业的进展。VR 的高带宽、低时延要求需要 5G 网络来承载。目前，VR 应用的需求大约是 50Mbit/s 的传输速率和 20ms 的时延，未来需求会提高到 200Mbit/s 以上的传输速率和 5ms 左右的时延。

例如，在大型球赛直播现场，通过 MEC 平台，可以调取全景摄像头拍摄的视频进行清晰的、实时的回放，观众可以通过 VR 设备体验 VIP 位置的观看效果。同时，MEC 的低时延、高带宽特点可以有效地解决观看 VR 时因带宽和时延限制所带来的眩晕感。例如，VR 观众可以通过无线网络接入 MEC 服务器，并由 MEC 服务器提供图像采集处理等功能。

5. 车联网

车联网（Vehicle to Everything，V2X）是将车辆与一切事物相连接的新一代车用无线通信技术。其中，V 表示车辆；X 代表与车辆进行交互的多种对象，包括车、人、路边基础设施和网络。V2X 的交互模式包括车与车之间（Vehicle to Vehicle，V2V）、车与路之间（Vehicle to Infrastructure，V2I）、车与人之间（Vehicle to Pedestrian，V2P）、车与网络之间（Vehicle to Network，V2N）。车联网需要具有高带宽、低时延和高可靠性，以进行实时数据处理和决策，避免或减少交通事故。例如，3GPP 定义的场景中时延需求低至 3ms。

6. 工业控制

结合蜂窝网络和 MEC 本地工业云平台，可以在工业 4.0 时代实现机器和设备相关数据的实时分析处理和本地分流，实现生产自动化，提升生产效率。在工业控制场景下，一方面要求时延的极致体验，另一方面要求数据传输过程的差异要小。例如，在某工业控制场景下，要求保持时延为 7ms，不能多也不能少，以此来实现工业控制的稳定输出和稳定操作。所以，工业控制场景对网络的要求更加苛刻，需要进行网络侧端到端优化以减少其他因素对网络侧指标的影响，部署在 MEC 的应用需要更多适配，以适应工业应用的特殊需求。

除了以上应用场景外，整个产业的应用数量众多。一个应用场景内部因为技术的不同又划分为不同的子类型，每种子类型的端到端产业发展成熟度不同，商用时间点也不一样。例如，云 VR 场景有 4K VR、8K VR 等子类型，由于 4K VR 对配套设备的要求较低，生态成熟早，所以能较早实现商用。

6.3.2　MEC 部署条件

影响 MEC 部署的主要因素分为两种,一种是业务发展状态和需求,另一种是运营商网络、机房资源等环境因素。第一种因素要求运营商在合适的时间点、合适的位置部署合适的业务,确保投资回报。第二种因素要求 MEC 解决方案满足运营商特定的网络资源环境,避免对现有站点进行过多改造。

V6-2 MEC 的主要
应用场景

运营商网络资源在不同的位置是不同的,这些资源条件是部署 MEC 的前提与约束。目前,MEC 部署位置主要有 4 个:无线基站的站点机房、接入环上的边缘 DC(接入机房)、汇聚环与城域网上的区域 DC、省干网上的中心 DC。如图 6-12 所示,不同类别 DC 的位置、距离、用户终端不同,产生的时延不同,部署的网元也不同。实际部署时,应根据业务需求和运营商的规划进行合理部署。

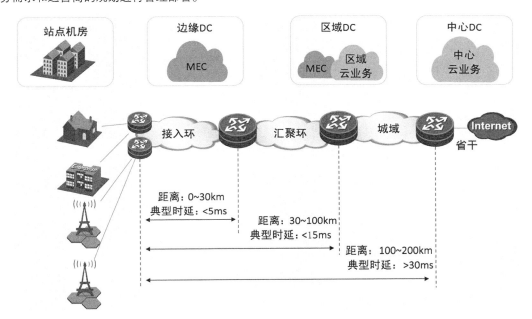

图 6-12　DC 组网部署方案

从业务层面分析,中心 DC 主要用于处理核心网控制面,或者对时延、带宽要求不高的业务,如 NB-IoT。区域 DC 主要部署大流量业务,包含大网业务,如运营商互联网业务、企业园区业务、内容分发网络、视频监控等,并通过区域 DC 实现本地流量卸载。边缘 DC 和站点机房主要部署低时延业务,如车联网、工业控制、AR/VR 服务器或企业园区业务等。

从规模上分析,用户数量越多,流量越大,运营商在部署 MEC 或者用户面的时候就会越靠近用户侧,以减少流量对承载网的压力,提升用户体验,或满足某些极致体验的业务要求。另外,在进行 MEC 部署的时候,还会受到很多其他因素的影响,使得不同运营商的改造进度不同,改造策略也不同。例如,中国移动边缘接入点有 10 万个,主要利用现网机房,不进行改造,目前,其单个机房规模预计只可以容纳几台服务器。在这种场景下,接入机房部署 MEC 就要小型化,不能太笨重。中国联通要求 MEC 有北向 API 开放需求,比较重视应用生态发展,接入机房有 7 万个,要求厂商考虑专用硬件形态,且它认为普通通用硬件不适合接入机房。

表 6-1 描述了不同位置的 DC 上具体的资源情况,并给出了初步的 MEC 部署建议。其中,中心 DC

主要是处理控制面网元，或者大网的内容分发网络和 MEC 平台。由于是核心机房，因此只要符合 NFVI 的规范即可，没有其他特殊要求，主要是为了方便集中管理运维。区域 DC 主要部署用户面分发网元和本地分流的 MEC，需要完成地市的数据中心改造，能够实现本地流量本地处理，减少网络侧的传输距离。边缘 DC 和站点机房由于处于接入侧，更关注机房的空间、供电等，主要部署用户面设备和本地 MEC，处理低时延业务或园区业务。

表 6-1　MEC 在不同 DC 上部署的建议

DC 资源	位置&时延	主要条件	可部署的网元	MEC 部署建议
中心 DC	省枢纽楼 距离为 100~200km 时延>30ms	空间>300m² 直流供电-48V 温度<25℃	vGW-C/SMF vCDN MEC 平台	最早一批改造或新建的 DC，对 MEC 解决方案无特殊要求，符合运营商的 NFVI 规范即可
区域 DC	地市中心楼 距离为 30~100km 时延为 15~30ms	空间>200m² 直流供电-48V 温度<25℃	vGW-U/UPF vCDN MEC 平台/应用	部分未完成 DC 改造的运营商，在现有中心局中直接部署 NFV 设备，关注点是单柜功耗，超标时需改造配电
边缘 DC	接入局 距离为 1~30km 时延为 5~10ms	空间>100m² 直流供电-48V 或交流供电 220V 温度<25℃	vGW-U/UPF MEC 平台/应用	预期商业部署到边缘 DC 的时候（约 2024 年），主要关注点是机房空间有限，有提高集成度方案最佳，如 NFV 硬件加速
站点机房	铁塔附近 距离为 0~1km 时延为 1~5ms	空间>10 m² 交流供电 220V 温度自然散热	vGW-U/UPF MEC 平台/应用	空间、供电、温度等资源都受限，如果部署 MEC 业务，则需要定制化专用硬件，该专用硬件同样可以服务数据本地化场景，如企业园区等

6.3.3　MEC 部署关键点

如果说 4G 阶段的 MEC 业务的重心在区域，4G MEC 部署的重点是网络 CUPS 改造，那么 5G 阶段的 MEC 业务重心就是边缘，5G MEC 部署的重点就是 MEC 平台和生态的构筑。MEC 部署有以下几个关键点。

（1）MEC 平台的标准化与生态构建。由于边缘基础设施资源的稀缺与昂贵，必然是多业务共享边缘基础设施资源，MEC 平台上的应用也必须多样化，才能最大化 MEC 的价值。在 ETSI MEC 标准中，MEC 应用接口 Mp 和平台管理相关接口 Mm 的标准化非常重要。Mp 标准化的完善程度关系到第三方应用是否能顺畅地对接不同厂家的 MEC 平台，而 Mm 的标准化关系到编排器能否顺畅地对接不同厂家的 MEC 平台管理器。只有两个接口的功能与消息定义完整了，才能形成一个完善的边缘应用生态。

（2）网络能力开放。这不是一个新概念，早在 4G 标准中就定义了 SCEF，完成了网络信息与能力的 API 开放。5G 网络标准同样定义了 NEF 实现能力开放。随着 MEC 的发展，能力开放的作用更加凸显。边缘应用需要根据从网络中获取的用户地理位置信息，调度用户业务到对应的边缘业务、应用服务器中，以降低时延。同时，应用还要根据业务的网络资源要求，以及网络当前状态和边缘节点的资源情况，实时、智能地调整应用业务的调度策略，以确保时延和业务在可获得性上达到一种动态平衡，完成必要的业务内容同步，确保最大化地满足业务的服务级别协议（Service Level Agreement，SLA）。以上所有智能化的边缘应用调度都离不开网络能力开放的支持。

（3）边缘轻量虚拟化。传统 NFV 基于 VM 和 Cloud OS 构建，资源消耗较大。容器基于 Docker 和

Kubernetes 等运行，可以节省 VM 和 Cloud OS 带来的额外消耗。在边缘基础设施资源紧张的情况下，容器是一个更好的选择。

（4）边缘专用硬件。边缘基础设施条件受限，通用服务器要求的功耗、空间、温度等条件，在边缘可能无法满足，同时，边缘基础设施有海量部署的预期需要尽可能提升边缘基础设施的性价比，而边缘业务的高处理能力需求要求边缘基础设施提供尽可能高的处理能力。目前，业界并未就适合边缘使用的通用硬件标准达成统一意见。受限于 MEC 业务进展和标准化程度，业界达成一种 MEC 专用的定制化通用硬件标准还需要较长时间，这样就给专用硬件标准留下了讨论的空间和时间。较早开始 MEC 业务的运营商，需要特定厂家的专用硬件解决上述边缘基础设施的限制问题。

6.4　华为 **5G MEC** 部署案例

针对 MEC 场景，华为做了哪些实践呢？ETSI MEC 是一个商业概念，解决方案主要有数据面（由 UPF 充当）、MEC 平台和应用 3 部分。近期部署的 MEC 需求分为两类：一类是企业园区用无线替代有线，流量不出园区；另一类是大网应对低时延、高体验的业务要求。而 DC、芯片、硬件、PaaS 生态的准备度等都会影响运营商决策 MEC 的部署进度。

在进行 MEC 实际部署时，从不同角度进行 MEC 部署，会导致部署的方案和步骤有所不同。目前主要从两个角度进行 MEC 部署：一是运营商主导 MEC 部署；一是 OTT 和垂直行业主导 MEC 部署。

（1）从运营商角度理解。运营商主导 MEC 部署时，MEC 是分布式网关 UPF 的扩展和延伸，如图 6-13 所示，可以认为是在 UPF 云化平台上集成 MEC 的功能，包括 MEC 平台、MEC 应用等，是 UPF 的扩展。

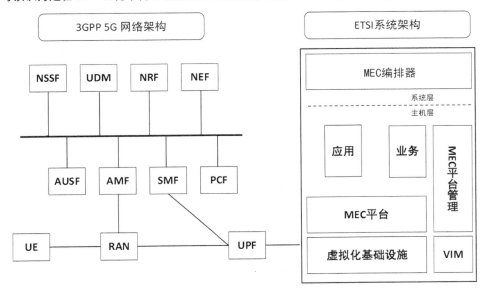

图 6-13　运营商角度的 MEC 架构

（2）从 OTT 和垂直行业角度理解。OTT 厂商主导 MEC 部署的时候，UPF 在 MEC 外部，对于 OTT 来说，UPF 仅仅是外部流量入口，具体应用是由 MEC 实现的，主要通过 OTT 的快速开发迭代，通过 MEC 应用实现各种各样的功能，如图 6-14 所示。

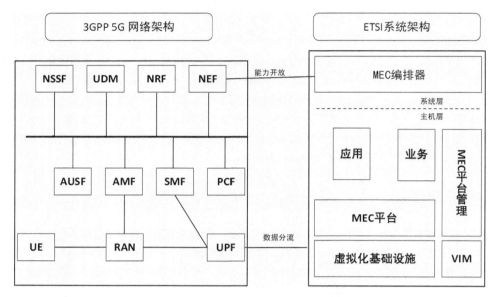

图 6-14　OTT 和垂直行业角度的 MEC 架构

　　预判未来运营商市场，两种 MEC 架构都会存在，运营商价值获取的关键在于在 UPF 上汇聚流量和应用。运营商的主要发力点就是基于 UPF 进行策略执行，结合 MEC 的应用场景，上报位置信息，实现 MEC 和网络的有机结合，增强 UPF 和 MEC 的黏性，更好地发展 MEC 生态，充当生态中的重要组成部分。OTT 的主要发力点是 MEC 应用的快速开发和适配，更好地匹配行业用户需求。

　　本节将介绍一个以运营商角度开发的 MEC 场景。通过该案例可以了解 MEC 部署过程中主要遇到的问题、MEC 提供的服务、网络架构所做的变更等。

6.4.1　码头网络改造需求分析

　　下面先介绍企业概况。某中小型码头公司设计年吞吐量为两百四十万 TEU（国际标准集装箱），在港区内主要提供集装箱装卸、堆放、仓储、拆装箱服务。目前的趋势是码头数字化转型，向国际管理和运营模式靠拢。该码头公司共有 8 个部门，包括操作部、商务部、技术设备部、信息技术部、安全质量部、财务部、基建工程部、行政人事部，其中，信息技术部负责运维企业的信息系统、通信和网络，确保主营业务所信赖的信息系统能"稳定、高效、安全"地持续提供服务。

　　为了更好地了解项目的背景，接下来将介绍码头工作的流程。

　　（1）货轮停靠到码头泊位，桥吊负责将货轮上的集装箱吊到集装箱卡车（集卡）上；码头共有 4 个货船泊位，每个泊位有 4 个桥吊，泊位区总共 16 个桥吊。

　　（2）集卡根据集装箱上的编号，将集装箱运到对应的堆场边，港区内共 116 辆集卡。

　　（3）堆场上的龙门吊将集装箱吊到堆场指定的位置，堆放区共 12 个堆场，每个堆场有 4 或 5 个龙门吊，总共 51 个龙门吊。

　　运营商部署的 MEC 网络需要在这个工作流程中应用，从而使流程变得更简单、智能，或者提供其他收益。

　　在网络改造之前，码头已经有一个码头操作系统，负责管理和控制码头作业各个环节的计算机管理系统，主要包括船舶计划、堆场控制、装卸船控制、检查桥、计费、受理等。但是厂区内网络主要为有线网络，视频监控为有线连接，运营过程中使用时十分不方便。码头自有中央机房，日常的网络维护由信息技术部负责，该部门约有 20 人。除了系统的维护以外，在该案例中，其他地方也会使用低效率的人工。例如，每个桥吊和龙门吊上必须有一个操作员，24 小时轮流工作，即便暂时无起吊作业也需要有人值守，且不能做与工作无关的事情（如使用手机、看报纸等），冬冷夏热，工作条件艰苦，容易使人厌倦和心理不稳定。在操作吊机过程中，操作员要通过操作室下方的玻璃来观察和操作吊机，十分劳累。单个集装箱装卸时间超过 5 分钟，而每年两百四十万集装箱的吞吐量使得需要大量人工，人力成本高；由于吊头是移动的，部署有线摄像头成本高，在部署有线摄像头的时候，传输光缆由于吊头移动，需要展开、收拢，导致损耗较大，每年需要替换，每年的成本大约在两百万元。

基于以上的场景分析，可以明确核心需求是解决远程控制问题，包括在物体移动场景下实现实时高清视频监控，以及下达指令等实时交互。

6.4.2　码头网络改造方案设计

已经了解了客户的核心诉求，下面是设计解决方案。首先，港口码头不适合有线固网铺设，主要是受海风海潮影响，不适合大面积铺设线路；同时，由于车辆吊塔移动性和实时交互性的要求，如果是固网连接损耗太大，成本太高。所以，最好使用无线网络代替有线网络，实现接入和覆盖。在港口码头使用 Wi-Fi 网络质量差，网络信号不稳定，在吊塔移动过程中容易遮挡，形成盲区，后期拓展时需要改造网络，拓展成本高。综合考虑，运营商网络具备抗干扰性强，特殊区域可以通过微站补充，网络切片端到端保障，4G 已经有良好覆盖，后期 5G 只需新增覆盖补充，即可实现稳定的覆盖接入。

接入交互方面的需求：自动引导运输车远程辅助操控，定位精度 25mm，满载速率为 3.5m/s，要求网络时延在 7.14ms 以内；龙门吊和桥吊上部署无线摄像头，图像实时回传，作为远程操作的图像输入，时延 <10ms（人眼敏感度）；300~500 路视频同时接入。由于既要保证低时延，又要支持大流量转发，就需要将内容服务器部署在近端由 MEC 承载，以减少传输时延。

图 6-15 所示为本案例场景下 MEC 部署的物理组网架构。用户通过无线基站将码头摄像头采集数据发送到网络侧，通过运营商接入网络（PTN）连接到核心网交换机 CE6865 上。MEC 平台和 MEC 应用部署在三台 RH2288 V5 的机架式服务器上。这些 RH2288 服务器被部署在码头的本地机房，通过交换设备 CE6865 实现本地接入。码头的本地港区私有云同样接入 CE6865 交换机实现业务交换。5G SA 核心网控制面通过 IP 承载网和 MEC 进行互连，完成信令流量和业务流量的交互。服务器等设备可以通过 CE6865 交换机连接到码头的网管数据通信网（Data Communication Network，DCN）实现远程操作维护。码头企业或者运营商可以通过 DCN 实现对 MEC 平台及 MEC 应用的操作维护，包括通过 MANO 对 MEC 平台和 MEC 应用进行生命周期管理；通过 U2020 进行网络性能统计和配置，完成 I 层管理流量交互；通过 eSight 进行网络设备状态监控等。

图 6-15 中也描述了网络中的流量交互情况，包括 I 层管理流量，主要是编辑器和主机之间的交互流量，完成 MEC 平台创建和删除、MEC 应用创建和删除等；以及业务流量，主要是 MEC 通过交换机和核心网外部应用服务器等的交互流量。所有 I 层管理流量和业务流量都是通过服务器的物理端口实现交互的，即通过图 6-15 中左右各两个 25Gbit/s 物理接口实现流量转发。

图 6-16 所示为该案例部署 MEC 的逻辑组网图。其中，运营商的控制面网元 AMF、SMF 等，以及大网业务（互联网业务）的 UPF 等部署在运营商的核心机房，UL CL-UPF 和 MEC 共同部署在码头 RH2288 服务器中。用户接入网管 DCN 进行 MEC 的管理，并通过 MEC 平台管理器和业务编排器对 MEC 应用和 MEC 平台进行管理。另外，本案例通过 MEC 实现流量的分流处理，分别分流到港区私有云和 MEC 中。

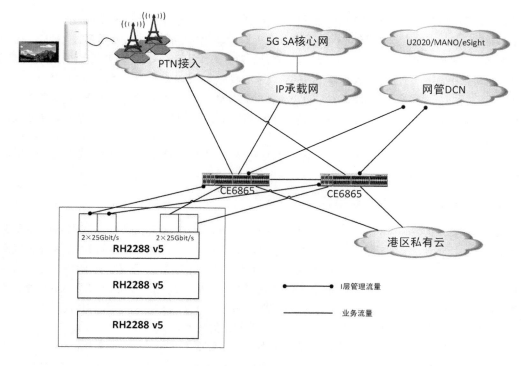

图 6-15　MEC 部署的物理组网架构

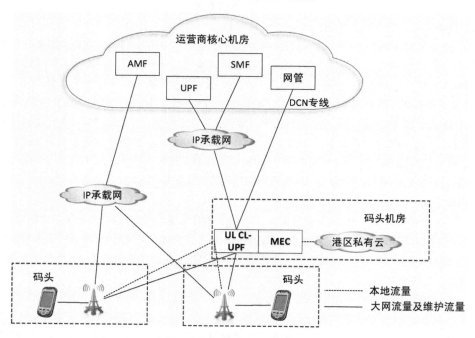

图 6-16　部署 MEC 的逻辑组网图

在该案例中，当进行码头 MEC 部署时，主要应用本地分流技术，通过运营商 UL CL-UPF 实现流量识别。部署时应考虑 MEC 尽量小型化，以减少其对供电和空间的需求，部署位置应更靠近码头侧摄像头。在架构上，主要基于云化平台的架构进行合理部署，以实现不同的业务需求。另外，通过 MEC 与编排器的交互完成业务应用的上线和管理，通过与核心网控制面的交互实现能力开放、策略控制等。

对该案例总结如下：由于码头场景的特殊致使部署有线连接成本太高，主要是线缆需要经常移动搬迁，导致线缆损耗过大且操作不便，所以采用无线方式解决接入问题。由于 Wi-Fi 网络质量差、稳定性差，故而选择运营商网络实现稳定的无线接入，4G 和 5G 结合保证覆盖。服务器部署在企业园区内，可以就近接入，满足业务对低时延的要求。另外，由于有多路高清视频需要回传，对网络带宽的要求很高，因此将 MEC 部署在园区内，解决了流量传输的问题。在该案例中，企业通过将网关部署在企业园区内，将 MEC 平台集成到企业的应用服务器中，通过 MEC 解决方案，实现了数据不出园区、业务低时延体验，解决了多路、无线、可靠、高带宽的接入问题。

6.5　本章小结

本章先介绍了边缘计算的产生和发展、边缘计算的定义；再介绍了边缘计算的架构和所用的关键技术，以及边缘计算的主要应用场景；最后介绍了华为 5G MEC 部署案例。

基于华为实践，可以了解到 MEC 的部署和实践是分批次的，在初期时主要是企业园区流量卸载、CDN 下沉等场景，其他场景会依赖运营商网络部署及业务发展情况推动 MEC 的发展。总体来说，MEC 解决方案是在更靠近用户的地方提供客户需要的云服务，MEC 平台可以集成各种各样的服务，从而简化网络部署，减少不同应用之间的接口适配等。在 5G 流量大发展、应用急速增长的前提下，MEC 会越来越靠近用户侧，以提供更优质的服务。

课后练习

1．选择题

（1）MEC 最早由（　　）标准化组织提出。

　A．3GPP　　　　　　　　B．ETSI　　　　　　　　C．3GPP2　　　　　　　　D．ECC

（2）部署企业本地分流的场景时，实现分流的设备是（　　）。

　A．UL CL UPF　　　　　B．PSA UPF　　　　　　C．SMF　　　　　　　　　D．AMF

（3）【多选】ETSI 定义的 MEC 的基本框架分为两个层次，分别是（　　）。

　A．MEC 主机层　　　　　B．MEC 系统层　　　　　C．MEC 平台　　　　　　D．MEC 应用

（4）【多选】4G 网络的 CUPS 改造会把网关设备分成（　　）。

　A．SGW-C　　　　　　　B．SGW-U　　　　　　　C．PGW-C　　　　　　　D．PGW-U

（5）【多选】MEC 架构中虚拟化基础设施管理器主要完成对虚拟资源的管理，包括（　　）。

　A．计算资源　　　　　　B．存储资源　　　　　　C．网络资源　　　　　　D．云服务资源

（6）【多选】网络中辅助 MEC 完成网络能力开放的网元是（　　）。

　A．SCEF　　　　　　　　B．NEF　　　　　　　　　C．SMF　　　　　　　　　D．UDM

（7）【多选】下列属于 ETSI 定义的 MEC 的应用场景的是（　　）。

　A．视频优化　　　　　　B．增强现实　　　　　　C．企业分流　　　　　　D．车联网

（8）【多选】内容分发网络下沉的优点包括（　　）。

　A．降低传输迂回　　　　　　　　　　　　　B．降低时延

　C．减少投资　　　　　　　　　　　　　　　D．减少网元的信令接口

（9）【多选】V2X 的交互模式包括（　　）。

  A. 车与车之间（Vehicle to Vehicle，V2V）　　B. 车与路之间（Vehicle to Infrastructure，V2I）

  C. 车与人之间（Vehicle to Pedestrian，V2P）　　D. 车与网络之间（Vehicle to Network，V2N）

（10）【多选】华为 MEC 解决方案案例中解决的企业问题包括（　　）。

  A. 实现数据不出园区　　　　　　　　　　B. 业务低时延体验

  C. 解决多路、大带宽接入问题　　　　　　D. 解决 Wi-Fi 可靠性差的问题

2. 简答题

（1）简述 MEC 的典型应用场景。

（2）简述 MEC 的主要关键技术。

（3）简述边缘 DC 部署 MEC 的建议。

（4）分析近期可能部署的 MEC 场景。

（5）简述从运营商角度和 OTT 角度部署 MEC 的差异。

Communication

7

Chapter

第 7 章
电信云安全技术

　　电信云基于 NFV 和 SDN，构建面向未来的云化网络基础设施，支撑业务和能力开放，实现网络资源的虚拟化，打造高效、弹性、按需的业务服务网络。随着电信云的迅速发展，电信云的安全问题也越来越受到人们的重视。传统网络中的安全问题在电信云中依然存在；同时，电信云体系增加了水平方向的分层，解耦架构引入了多厂商对接，导致其安全边界模糊化、分层化，多层间安全策略难以协同，手工静态配置安全策略无法满足灵活弹性扩缩容的需求，使安全问题难以快速定位和溯源。因此，亟须设计新的电信云及云化网络安全防护体系，实现动态、主动、全网协同、智能运维的纵深安全防护。

　　本章将详细介绍电信云安全威胁、电信云安全技术及 5G 网络云化安全的新特性和新挑战。

课堂学习目标

- 了解安全的基本原则
- 了解电信云中的安全威胁
- 了解电信云解决方案的安全架构
- 掌握电信云物理和虚拟基础设施安全技术

7.1 安全原则

所有的信息安全技术都是为了实现一定的目标，所以无论是在云化场景下还是在传统的 IT 场景下，都需要遵循最基本的安全原则来构建对应的安全解决方案，这些安全原则也是各类解决方案所要达成的目标。基本的安全原则如下。

（1）安全隔离：将不可信的网络隔离开，以保障目标网络中的访问和交互都是可信的或符合业务规则的。常见的隔离包括网络平面隔离、网络通道隔离、内外 IP 地址隔离、端口隔离等。

（2）最小化授权：仅给用户分配完成其任务所需的最小访问权限，即执行程序时仅为用户分配满足正常运行所需的最小权限级别。

（3）攻击面最小化：系统仅提供正常业务交互所必需的访问通道，其他不需要和非必需的访问通道应当关闭。

（4）动态平衡：安全与风险的状态是动态平衡的，安全总是相对的，风险会随着时间的推移而增加，所以需要周期性识别安全与风险的平衡是否被打破，并采取进一步的措施降低新的风险。

（5）默认安全：尽可能将安全功能设计为默认启用，而无须管理员干涉；系统运行时必要的安全功能随系统启动自动处于激活状态，不提供禁用开关。

（6）异常时安全：系统进入异常状态时仍要考虑保持足够的安全性，使得系统损失降低到最小。

（7）安全机制不要依赖保密的方式：安全机制的安全性不依赖于人对该机制的保密，隐藏秘密是不可靠的方式。

（8）永远不要相信来自可信边界之外的输入：系统默认所有来自可信边界之外的输入都有可能带有恶意，应该进行合法性校验，不依赖客户端对输入的合法性校验。

7.2 电信云安全威胁

从传统 IT 架构到云化架构，安全环境变化就如同客家围楼到开放式小区的演进，云使得传统边界定义失效，防护策略从"围追堵截"向"检测响应"转变。

V7-1 电信云安全威胁

随着 X86 服务器大量普及，虚拟化与云计算已成为数据中心最热门及最核心的技术之一，电信云也不例外。云化的网络带来多种多样的接入方式，携带个人设备方式的快速演进也给用户带来了更大的便捷，但是，随之而来的是更多威胁。数据中心的安全一直都是核心要求，是所有基础架构与业务防护的根基，云化的数据中心除了要延续传统数据中心面向出口进行分布式拒绝服务（Distributed Denial of Service，DDoS）防护外，还需要着重关注虚拟机层面的安全性，包括在线杀毒、虚拟机安全隔离等技术。

7.2.1 业务分层模型

如图 7-1 所示，图中 U2000 是华为移动网络统一管理平台，按照电信云化网络组成的特点，可以从逻辑上将其分解为 3 层：物理基础设施层、虚拟基础设施层、电信业务设施层。每层又可以分解为两个平面，即业务面和管理面。对于电信业务设施层，其业务面可以进一步根据 3GPP 标准分解为用户面、信令面。该分层模型中为了逻辑统一没有进一步分解，但实际分析威胁时还应对其进行细分。

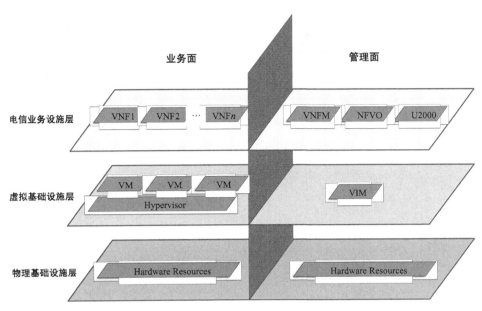

图 7-1　电信云业务分层模型

1. 物理基础设施

物理基础设施是构成电信云化网络所需的物理硬件设施，包括 COTS 主机硬件、主机之间连接所需的物理组网设备（包括交换机、路由器等）、物理连接器件（包括光纤、网线等）。物理基础设施为上层虚拟化环境提供了物理计算、存储和网络资源。

2. 虚拟基础设施

虚拟基础设施是构成虚拟化运行环境所需的所有软件资源，包括宿主机操作系统（Host OS）、虚拟化平台（或云操作系统）、客户机操作系统（Guest OS）等虚拟基础设施，为传统电信网元迁移到云平台提供了所需的通用的虚拟计算、存储和网络资源。

3. 电信业务设施

电信业务设施是运行在虚拟基础设施之上，为用户提供电信业务的所有通信网元及连接这些网元的通信网络。根据当前产品虚拟化情况，该层包含的虚拟化相关网元有统一网络控制器（Unified Network Controller，UNC）和统一分布式网关（Unified Distributed Gateway，UDG）。

4. 业务面

业务面指由传送用户信息的网络通道、用户信息、对用户信息进行处理的功能单元组成的平面。

5. 管理面

管理面指由传送管理信息的网络通道、管理信息、对管理信息进行处理的功能单元组成的平面。

云化场景重点关注物理基础设施层和虚拟基础设施层的安全。电信云物理基础设施层和虚拟基础设施层的业务面和管理面会面临 6 类威胁，分别是伪造、篡改、拒绝服务、信息泄露、缓冲区溢出、侵犯私密性。表 7-1 所示为业务面和管理面所面临的 6 类威胁及其具体形式。

表 7-1   业务面和管理面所面临的 6 类威胁及其具体形式

平面	威胁						
	被攻击对象	伪造	篡改（有权限）	拒绝服务	信息泄露	缓冲区溢出	侵犯私密性
业务面	处理过程（接收）	伪造对端发送恶意用户内容	篡改软件	用户报文 DoS 攻击	N/A	畸形用户报文攻击	接口地址暴露范围过大；暴露内部监听端口
	数据流（网络传输）	对端被伪造，窃取用户数据	篡改数据流	目的地址不可达	窃听	N/A	N/A
管理面	处理过程（接收）	伪造合法用户发送非法操作	篡改软件	管理端口拒绝服务	N/A	畸形管理报文攻击	接口地址暴露范围过大；暴露内部监听端口
	数据流（网络传输）	对端被伪造，窃取维护数据	篡改数据流	目的地址不可达	窃听	N/A	N/A
	数据存储（本地/网络）	非法存取数据	篡改数据	存储空间满	窃取数据	N/A	数据访问入口暴露范围过大

7.2.2   物理基础设施安全威胁

电信核心基础设施所在的机房称为数据中心区域，该区域需要与外部多种网络建立如下几种连接关系，具体如图 7-2 所示。

（1）与互联网连接。

（2）与无线接入网连接。

（3）与其他移动核心网连接。

（4）与运营商的运营网络（OM 网络）连接。

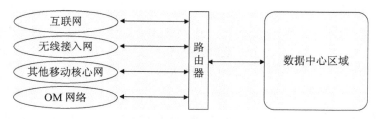

图 7-2   数据中心区域与外部网络的连接

物理基础设施安全威胁包含物理基础设施业务面安全威胁和物理基础设施管理面安全威胁。

1. 物理基础设施业务面安全威胁

电信云物理基础设施业务面是由外部的业务网络与物理主机之间的连接通道、通道内传输的数据、物理主机连接接口，以及物理主机负责对业务数据流进行处理的功能单元所组成的平面。物理基础设施业务面的安全威胁与攻击场景如图 7-3 所示，图中骷髅标识表示恶意用户，不同的带箭头的虚线表示恶意用户所采取的不同攻击途径。

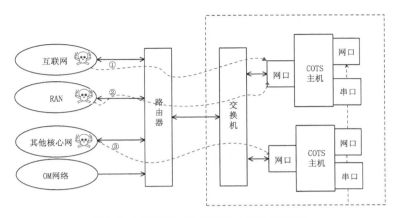

图 7-3 物理基础设施业务面的安全威胁与攻击场景

下面将从不同的攻击场景来分析物理基础设施业务面的安全威胁。

① 攻击者从互联网攻击数据中心主机外部地址。由于电信业务需要连接到互联网，存在从互联网到 COTS 主机网口的数据报文，因此攻击者可能利用这条通路，发出恶意的畸形攻击报文，使业务模块溢出，进而获取主机操作系统管理权限，或使系统瘫痪。该攻击类型的被威胁主体是 COTS 主机。

② 攻击者从无线接入网络攻击数据中心主机外部地址。无线接入网络远离核心区域，可能存在攻击者对数据中心内 COTS 主机发起攻击，以获取主机操作系统管理权限，或使系统瘫痪。该攻击类型的被威胁主体是 COTS 主机。

③ 攻击者从其他核心网攻击数据中心主机外部地址。攻击者可能从其他核心网对数据中心内的 COTS 主机发起攻击，非法获取主机操作系统管理权限，或使系统瘫痪。该攻击类型的被威胁主体是 COTS 主机。

2. 物理基础设施管理面安全威胁

电信云物理基础设施管理面是由为维护物理基础设施由维护人员通过外部管理终端连接到物理基础设施的管理端口建立的维护通道、通道中传输的数据，以及物理主机中负责对这些管理/维护数据流进行处理的功能单元所组成的平面。物理基础设施管理面的安全威胁与攻击场景如图 7-4 所示。

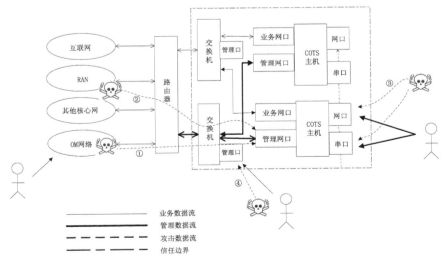

图 7-4 物理基础设施管理面的安全威胁与攻击场景

下面将从不同的攻击场景来分析物理基础设施管理面的安全威胁。

① 从维护网络（OM 网络）对数据中心主机管理接口进行攻击。攻击者从 OM 网络中对 COTS 主机管理端口发起攻击，可能导致非法登录，或系统拒绝服务。该攻击类型的被威胁主体是 COTS 主机。

② 从业务面渗透到管理接口进行登录攻击。如果业务网络没有与 OM 网络隔离，或 COTS 业务端口与 OM 平面互通，则攻击者可在业务网络中对 COTS 主机 OM 端口发起攻击，可能导致非法登录，或系统拒绝服务。该攻击类型的被威胁主体是 COTS 主机。

③ 从近端维护网口/串口入侵主机。攻击者可能处在 COTS 主机附近，通过近端维护网口和串口进行登录攻击，可能导致非法登录。该攻击类型的被威胁主体是 COTS 主机。

④ 从近端攻击交换机管理口。攻击者可能处在 COTS 主机、交换机近端，通过登录交换机管理系统进行非法管控，如开启镜像端口非法获取 COTS 主机镜像流量。该攻击类型的被威胁主体是交换机和 COTS 主机。

⑤ 从虚拟化环境中攻击简单网络管理协议（Simple Network Management Protocol，SNMP)接口。如图 7-5 所示，攻击者可能从虚拟化环境中通过硬件 SNMP 接口进行攻击，使用畸形报文导致管理接口拒绝服务，或伪造合法用户身份进行配置管理操作。该攻击类型的被威胁主体是交换机和 COTS 主机。

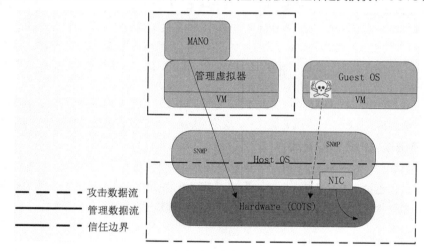

图 7-5　从虚拟化环境中攻击 SNMP 接口

7.2.3　虚拟基础设施安全威胁

电信云虚拟基础设施安全威胁分为虚拟基础设施业务面安全威胁和虚拟基础设施管理面安全威胁。

1. 虚拟基础设施业务面安全威胁

虚拟基础设施业务面是由虚拟服务层与下层的物理硬件资源之间的交互通道、数据和处理模块，虚拟服务层与上层的虚拟机及虚拟机中的 App 之间的交互通道、数据和处理模块所构成的平面。

虚拟基础设施业务面如图 7-6 所示。其中有两个信任区域，一个是虚拟化服务层，另一个是受信任的用户虚拟机。这两个信任区域对应的外部非信任通道/数据流有 6 种类型(对应图中标识①~⑥)。

① Hypervisor 接收 VM 发送的计算资源的请求，如 CPU 指令执行、内存读写，并将其映射到真实的物理资源上执行。

② 虚拟存储服务接收 VM 中的存储资源读取请求。

③ 虚拟传输设备接收虚拟机虚拟网卡送来的通信数据。

④ 外部虚拟机与受信任的虚拟机之间进行 L3 网络通信。

⑤ 外部虚拟机 App 与受信任的虚拟机中的 App 进行应用层通信。

⑥ Host OS 的网卡接收外部路由器转发进来的数据流到 Host OS 或虚拟网络中。

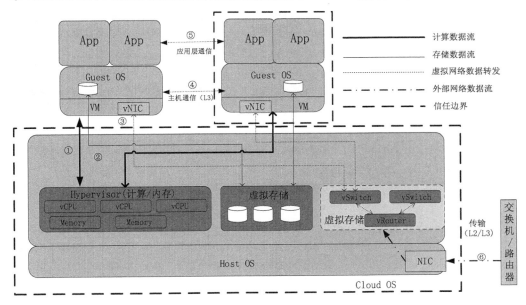

图 7-6　虚拟基础设施业务面

虚拟基础设施与硬件的交互过程主要体现在对 Host OS 的访问上，故虚拟基础设施业务面安全威胁为 App、Guest OS、Cloud OS、Host OS 之间的业务运行能力和资源可能面临的安全威胁。

虚拟基础设施业务面的安全威胁与攻击场景如图 7-7 所示，具体分析如下。

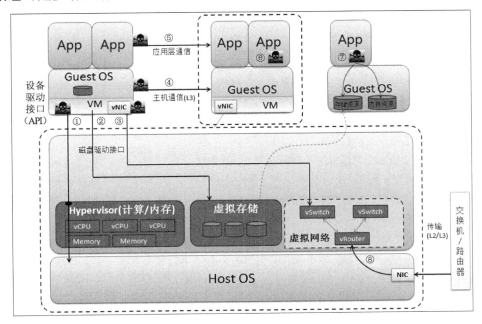

图 7-7　虚拟基础设施业务面的安全威胁与攻击场景

① 虚拟机攻击 Hypervisor 接口。攻击者可能对虚拟机镜像文件进行非法篡改，或安装恶意软件，利用设备驱动接口漏洞，在系统加载虚拟机过程中或加载后对 Hypervisor 进行攻击，可能造成虚拟机逃逸（虚拟机逃逸是指利用虚拟机软件或者虚拟机中运行的软件的漏洞进行攻击，以达到攻击或控制虚拟机宿主操作系统的目的），威胁 Host OS 安全。该攻击类型的被威胁主体为 Host OS。

② 虚拟机攻击虚拟存储驱动接口。攻击者在虚拟机中通过构造特殊的虚拟磁盘驱动接口访问其他用户磁盘空间，可能绕过虚拟磁盘系统的隔离，非法访问其他用户的磁盘空间。该攻击类型的被威胁主体为虚拟存储。

③ 虚拟机攻击虚拟化传输设备。Cloud OS 中提供了各种虚拟化传输设备，虚拟机根据业务需要可能被分配权限，以访问某些虚拟传输设备，这些虚拟传输设备业务面的通信协议可能会遭受攻击，如 DoS 攻击、畸形报文攻击，导致虚拟化传输出现故障。该攻击类型的被威胁主体为虚拟化传输设备。

④ 从一个虚拟机非法访问另一个没有通信关系的虚拟机。攻击者从一个虚拟机中试图连接和登录另一个虚拟机的 Guest OS，而这两个虚拟机之间没有正常业务通信需求。如果虚拟化网络提供了二者间连接的通路，则攻击者可利用 Guest OS 系统漏洞或弱认证，导致该虚拟机被非法入侵。该攻击被威胁主体为 Guest OS。

⑤ 一个虚拟机非法访问另一个虚拟机中的 App。攻击者从一个虚拟机中尝试连接另一个虚拟机中的 App（正常情况下，该 App 与攻击者所在 App 没有连接关系，但虚拟机间有其他 App 需要通信），可能导致 App 被非法连接和访问。该攻击类型的被威胁主体为 App。

⑥ 在 Guest OS 中运行非法软件/病毒。攻击者在合法运行的 Guest OS 中加载恶意软件或非法软件、病毒，威胁 Guest OS 的正常运行，伪造/篡改系统软件。该攻击类型的被威胁主体为 Guest OS。

⑦ 读取/恢复新分配的存储资源和内存资源原始内容。Cloud OS 给新虚拟机分配存储资源和内存资源时，这些存储资源中可能残存有上一位使用者的信息，新的虚拟机用户可能会读取或恢复原始存储数据，导致用户信息泄露。该攻击类型的被威胁主体为虚拟机用户。

⑧ 从 DC 外部攻击虚拟路由器外部 IP 地址。Cloud OS 对外有连接需求，会对外暴露虚拟路由器 IP 地址，攻击者可能从 DC 外部攻击虚拟路由器外部 IP 地址，导致路由协议被攻击或转发能力受到 DoS 攻击。该攻击类型的被威胁主体为虚拟化网络设备。

2. 虚拟基础设施管理面安全威胁

虚拟基础设施管理面是由为维护虚拟基础设施由维护人员通过外部管理终端与虚拟基础设施的管理接口之间建立的连接通道、通道内传输的数据以及负责对传输数据进行处理的功能模块所构成的平面。虚拟基础设施管理面如图 7-8 所示，其中，SSH 为 Secure Shell 的缩写，其是建立在应用层基础上专为远程登录会话和其他网络服务提供安全性的协议。

下面将介绍远端运维和近端运维的几个场景。

（1）Cloud OS 远端运维。

在 DC 外部的管理终端通过客户端浏览器（Web Browser）经过外部路由器/交换机接入到 MANO 节点或管理虚拟机的功能界面（Local OM）对 Cloud OS 进行维护管理。管理虚拟机（如 MANO、Local OM）访问 OpenStack Controller，采用 RESTful 接口连接到 OpenStack Controller 接口，进行虚拟资源的申请与管理。OpenStack Controller 对主机中的 OpenStack Agent 进行管理访问。OpenStack Controller 对其他的 Host 中的 OpenStack Agent 进行管理操作，它们通过远程过程调用 RPC 消息进行通信，如图 7-8 中的①、②、③所示。

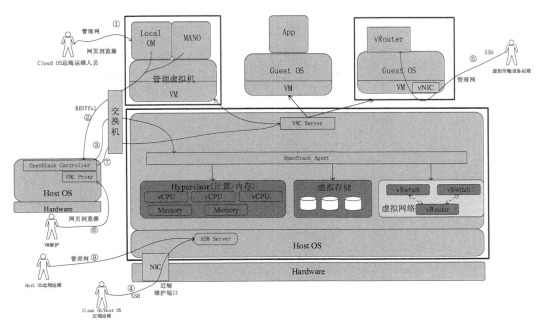

图 7-8　虚拟基础设施管理面

（2）Cloud OS/Host OS 近端运维。

维护人员通过物理主机的近端物理接入端口（如网口、串口），通过 SSH 登录到 Host OS 中，对 Host 系统服务和文件进行维护，实际场景类似于系统初始化安装阶段，并对 Cloud OS 服务软件进行维护管理，对应实际场景有外部远程管理通道出现故障，只能近端登录运维，如图 7-8 中的④、⑤所示。

（3）虚拟传输设备远端运维。

传输维护人员从 DC 外部 OM 网络中登录虚拟网络的虚拟路由器管理端口，通过命令行方式对虚拟路由器进行配置管理，如图 7-8 中的⑥、⑦所示。

（4）Host OS 远程运维。

维护人员通过管理网络远程访问主机 Host IP，通过 SSH 登录到 Host OS 中，对 Host 系统服务和文件进行维护，如图 7-8 中的⑧所示。

虚拟基础设施管理面的安全威胁与攻击场景如图 7-9 所示。下面将从不同的攻击场景来分析对应的威胁。

① 通过用户虚拟机或管理网络入侵管理虚拟机。攻击者在 DC 外部连接到 MANO（或 Local OM），或通过用户虚拟机连接管理虚拟机，使用非法获取的 MANO 或 Local OM 的管理员账号登录，对 OpenStack Controller 进行非法管理操作。该攻击类型的被威胁主体为虚拟化管理平台，包括 MANO、OpenStack Controller、OpenStack Agent、虚拟网络控制台（Virtual Network Console，VNC）。

② 通过管理网络和近端维护端口入侵 Host OS 导致感染病毒。攻击者在管理网络中远程攻击 Host OS，提供破解登录账号或利用系统漏洞非法入侵 Host OS。攻击者获取 Host OS 管理员登录凭证，在主机近端登录 Host OS，对 Host OS 进行非法操作，获取用户数据，包括虚拟化存储中的用户数据，造成用户数据泄露。该攻击类型的被威胁主体为 Host OS、虚拟化存储。

③ 通过用户虚拟机或管理网络非法入侵虚拟路由器管理接口。攻击者在用户虚拟机中或管理网络中连接虚拟路由器管理接口，非法登录管理接口，对虚拟路由器进行非法操作。该攻击类型的被威胁主体是虚拟传输设备。

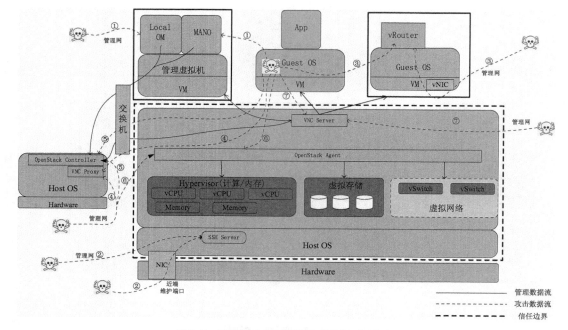

图 7-9 虚拟基础设施管理面的安全威胁与攻击场景

④ 通过用户虚拟机或管理网络非法访问 VNC Proxy。攻击者在用户虚拟机中或管理网络中非法连接 VNC Proxy，进而对各 VM 进行非法控制。该攻击类型的被威胁主体为 VNC Server/VM。

⑤ 通过用户虚拟机或管理网络非法访问 OpenStack Controller。攻击者在用户虚拟机中或管理网络中连接并攻击 OpenStack Controller，非法进行虚拟资源的申请与管理。该攻击类型的被威胁主体为虚拟化管理平台。

⑥ 通过用户虚拟机或管理网络非法控制 OpenStack Agent。攻击者在用户虚拟机中或管理网络中伪造 OpenStack Controller，向 OpenStack Agent 发送伪造消息从而非法控制虚拟化资源。该攻击类型的被威胁主体为虚拟化管理平台。

⑦ 通过用户虚拟机或管理网络非法登录 VNC Server。攻击者在用户虚拟机中或管理网络中非法登录 VNC Server，通过 VNC Server 非法控制 VM。该攻击类型的被威胁主体为 VNC Server/VM。

7.2.4 物理网络安全

云计算平台对底层网络基础设施有极强的依赖，所有的主机设备都需要通过组网来实现资源的交互和控制，因此电信云组网安全也是安全范畴中必须考虑的重点。同传统的数据中心网络安全设计类似，电信云组网也是将网络划分为不同的安全域，然后将安全域互相隔离，进而构建相对安全的网络架构，下面将从组网安全的维度来介绍电信云组网中采用的一些安全措施。

1. 将网络划分为不同的安全域

受信任区域（Trusted Zone）：受信任区域中的设备是受信任的，该区域中的设备的输入和输出数据流可以通过网络而不被检查。

不信任区域（Untrusted Zone）：不信任区域通常为互联网区域或非运营商控制的网络。不信任区域中的设备被认为是不安全的，设备的输入和输出数据流必须使用策略控制和过滤等操作来实现。

隔离区域 (Demilitarized Zone，DMZ)：安全级别低于受信任区域，高于不信任区域。若不信任区域中的设备想访问 DMZ 中的服务器，则必须经过许可，否则不能访问内部服务器。为互联网或第三方网络提供服务的主机部署在 DMZ 中。

2. 将不同安全域隔离

两个不同的安全域建议使用防火墙来隔离，通过三层网关相互通信，DMZ 和不信任域之间必须部署防火墙。部署在相同安全区域中的虚拟机，或部署在具有相同安全级别的不同安全区域中的虚拟机，可以通过二层或三层网关彼此通信。

为了达到最高级别的安全性，不同的安全区域需要物理隔离。但是，由于网络规模和成本的限制，物理资源（包括交换板和交换机）在安全区域之间也有可能是共享的。

图 7-10 所示为电信云典型组网示例，公网可以访问的云化演进型分组核心网（Cloud EPC）的网元，如云化统一服务节点（Cloud USN）、云化统一分组网关（Cloud UGW）、云化演进分组数据网关（Cloud ePDG）等，部署在 DMZ 中；管理网元部署在信任域中，不同的安全域通过防火墙隔离。信任域或者 DMZ 都可以再划分为不同的子区域，同样通过防火墙进行隔离。

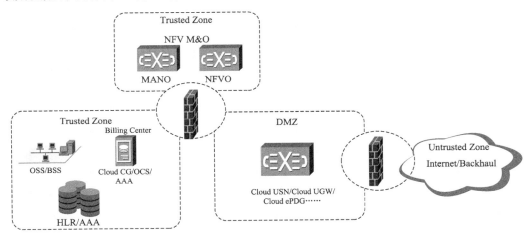

图 7-10　电信云典型组网示例

7.3　电信云安全技术和安全策略

电信云安全技术的最终目的是通过提供和部署一系列的安全防护措施，预防或降低网络中潜在的安全风险，确保网络提供的业务的连续性，以及保护商业机密和终端用户隐私。下面将从网络安全模型、解决方案安全架构、关键安全技术方案、物理基础设施安全策略和虚拟基础设施安全策略等方面来介绍电信云安全技术。

V7-2 电信云安全技术
介绍

7.3.1　网络安全模型

根据 7.2 节所讲解的安全威胁和安全对策构建出网络安全模型，如图 7-11 所示，其中，业务面中的 COTS、FusionSphere、VNF 在第 4 章中已提及，而管理面中的 COTS-M 指 COTS 管理功能主机。

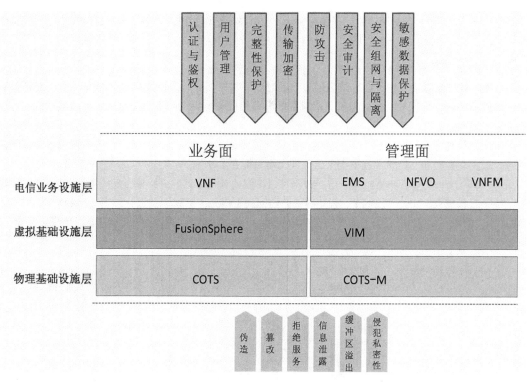

图 7-11　网络安全模型

7.3.2　电信云解决方案安全架构

基于 ETSI NFV 参考架构，按照电信云解决方案网络组成的特点，从安全视角将电信云解决方案分解为物理基础设施层、虚拟基础设施层、电信业务设施层 3 层。每层又可以分解为业务面（对于电信业务设施层，其业务面可以进一步根据 3GPP 标准分解为数据面、信令面）和管理面。

基于上述解决方案模型，可以建立图 7-12 所示的电信云解决方案安全架构。

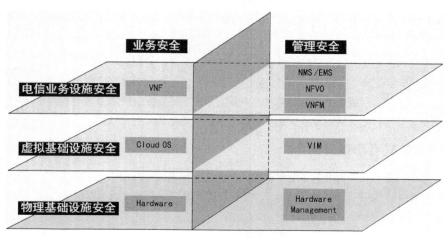

图 7-12　电信云解决方案安全架构

　　基于电信云解决方案安全架构，可以对电信云解决方案面临的主要安全威胁进行分类，并基于 ETSI NFV 参考架构提出对应的电信云安全体系，如图 7–13 所示。

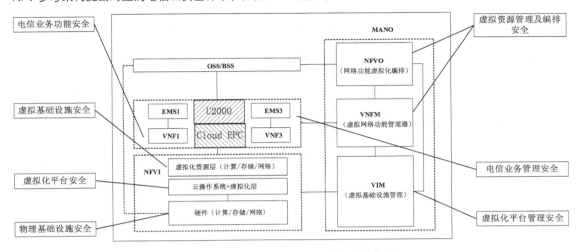

图 7–13　基于 NFV 参考架构的电信云安全体系

　　其中，Cloud EPC 是华为虚拟化之后的 EPC 产品，U2000 是华为网元管理系统。可以发现，相对于传统的物理网络威胁模型，电信云新引入的安全威胁主体主要是虚拟化层相应功能及与之相配套的管理功能。

7.3.3　关键安全技术方案

　　为了保护电信云网络所涉及的所有基础设施、通信网元的安全性，需要在系统关键环节提供必要的安全防护机制，这些机制贯穿于网络中的关键交互点，或在上下层级之间，从而构成一套整体的立体结构的安全架构，如图 7–12 所示。该架构分别从物理基础设施层、虚拟基础设施层和电信业务设施层的管理面、用户面、平台、网络、系统、虚拟化等维度提出了对安全的需求。根据这些安全需求，进行了 8 个技术维度的划分，得到了图 7–14 所示的关键安全技术方案架构。

　　下面将对图 7–14 中的 8 类安全技术进行详细分析。

1.　认证与鉴权

　　认证与鉴权技术可以将电信云中所有涉及用户登录认证、操作鉴权，以及机机连接认证（机机连接认证指认证方和被认证方都是常驻系统内的服务程序）的场景识别出来，制定与该应用场景认证强度级别相匹配的认证与鉴权方式，并明确认证凭证在认证体系中的生命周期管理方式。

　　（1）用户登录认证场景。

　　基于网络层（顶层）识别出的用户登录场景如下。

　　① 用户登录业务网元。

　　② 用户登录 VNFM Web Portal。

　　③ 用户登录 NFVO Web Portal。

　　④ 用户登录管理虚拟机。

　　⑤ 虚拟传输设备管理口登录认证与鉴权。

　　⑥ Host OS 近端登录认证。

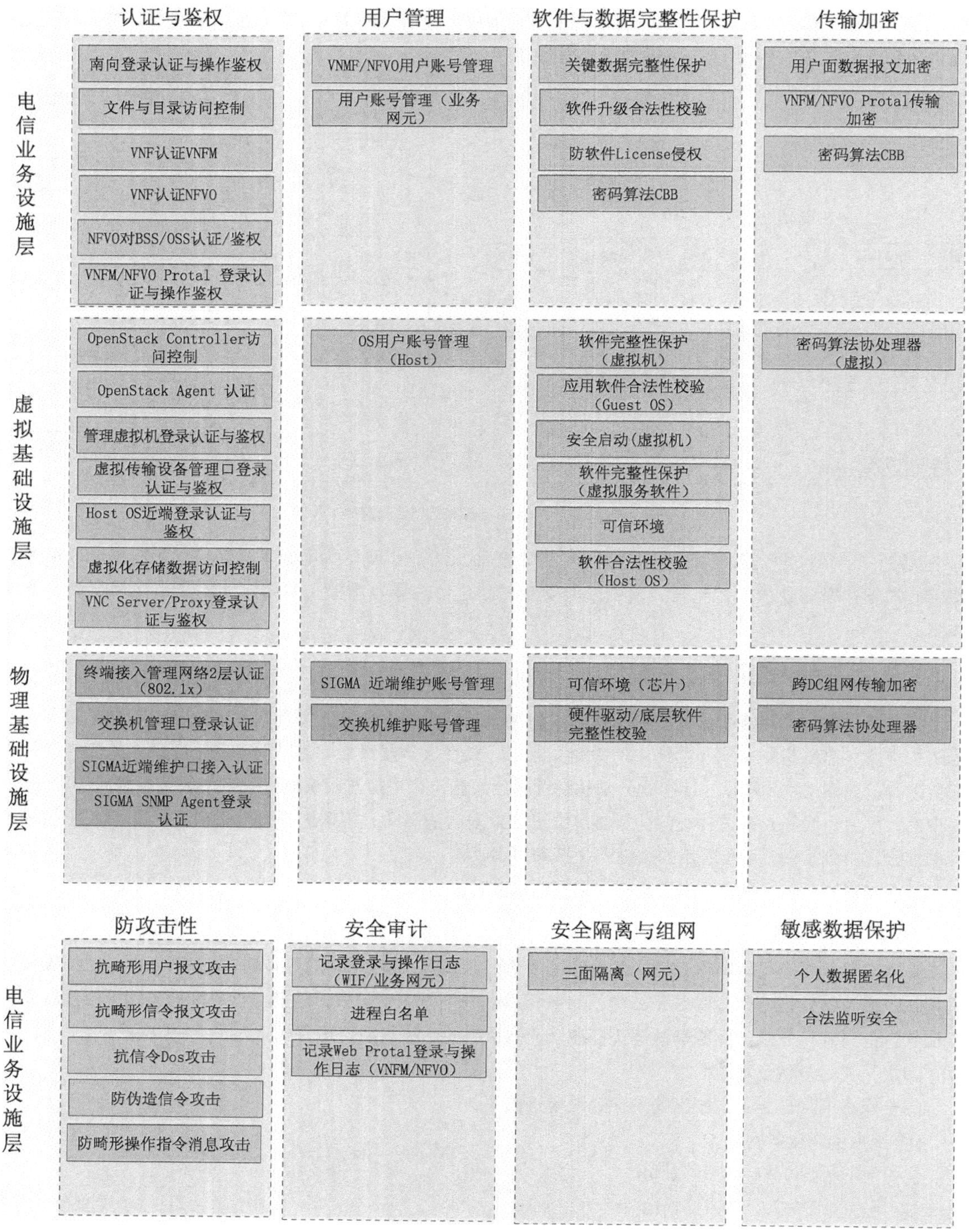

认证与鉴权	用户管理	软件与数据完整性保护	传输加密
南向登录认证与操作鉴权	VNMF/NFVO用户账号管理	关键数据完整性保护	用户面数据报文加密
文件与目录访问控制	用户账号管理（业务网元）	软件升级合法性校验	VNFM/NFVO Protal传输加密
VNF认证VNFM		防软件License侵权	密码算法CBB
VNF认证ENFVO		密码算法CBB	
NFVO对BSS/OSS认证/鉴权			
VNFM/NFVO Protal 登录认证与操作鉴权			

电信业务设施层

OpenStack Controller访问控制	OS用户账号管理（Host）	软件完整性保护（虚拟机）	密码算法协处理器（虚拟）
OpenStack Agent 认证		应用软件合法性校验（Guest OS）	
管理虚拟机登录认证与鉴权		安全启动(虚拟机)	
虚拟传输设备管理口登录认证与鉴权		软件完整性保护（虚拟服务软件）	
Host OS近端登录认证与鉴权		可信环境	
虚拟化存储数据访问控制		软件合法性校验（Host OS）	
VNC Server/Proxy登录认证与鉴权			

虚拟基础设施层

终端接入管理网络2层认证（802.1x）	SIGMA 近端维护账号管理	可信环境（芯片）	跨DC组网传输加密
交换机管理口登录认证	交换机维护账号管理	硬件驱动/底层软件完整性校验	密码算法协处理器
SIGMA近端维护口接入认证			
SIGMA SNMP Agent登录认证			

物理基础设施层

防攻击性	安全审计	安全隔离与组网	敏感数据保护
抗畸形用户报文攻击	记录登录与操作日志（WIF/业务网元）	三面隔离（网元）	个人数据匿名化
抗畸形信令报文攻击	进程白名单		合法监听安全
抗信令Dos攻击	记录Web Protal登录与操作日志（VNFM/NFVO）		
防伪造信令攻击			
防畸形操作指令消息攻击			

电信业务设施层

图 7-14　关键安全技术方案架构

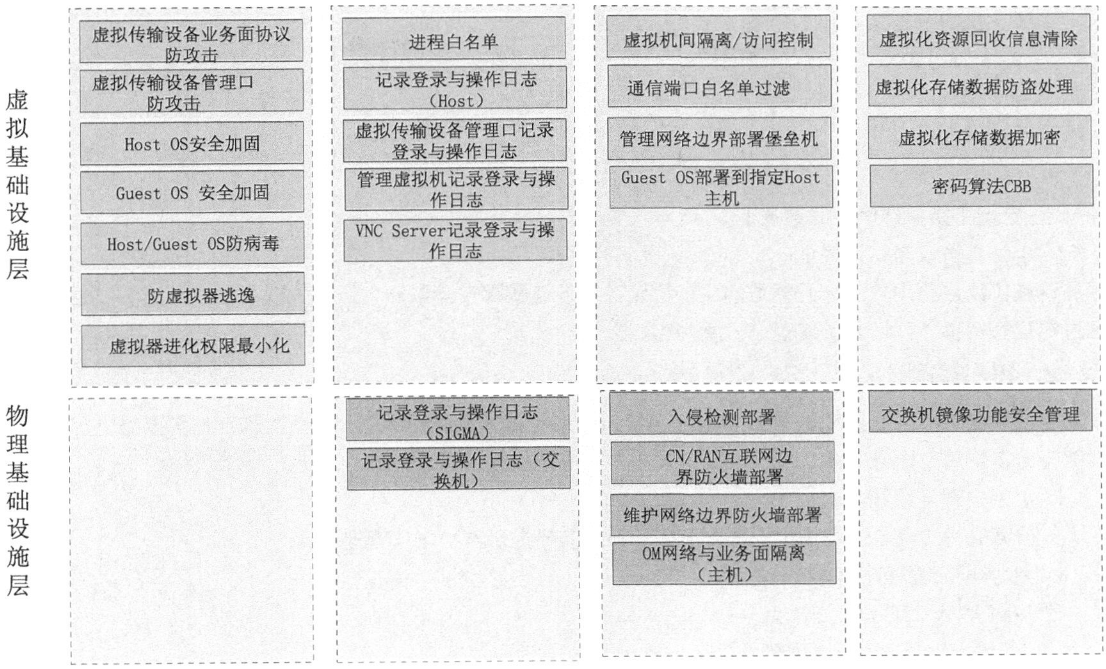

| 虚拟基础设施层 | 虚拟传输设备业务面协议防攻击
虚拟传输设备管理口防攻击
Host OS安全加固
Guest OS 安全加固
Host/Guest OS防病毒
防虚拟器逃逸
虚拟器进化权限最小化 | 进程白名单
记录登录与操作日志（Host）
虚拟传输设备管理口记录登录与操作日志
管理虚拟机记录登录与操作日志
VNC Server记录登录与操作日志 | 虚拟机间隔离/访问控制
通信端口白名单过滤
管理网络边界部署堡垒机
Guest OS部署到指定Host主机 | 虚拟化资源回收信息清除
虚拟化存储数据防盗处理
虚拟化存储数据加密
密码算法CBB |
| 物理基础设施层 | | 记录登录与操作日志（SIGMA）
记录登录与操作日志（交换机） | 入侵检测部署
CN/RAN互联网边界防火墙部署
维护网络边界防火墙部署
OM网络与业务面隔离（主机） | 交换机镜像功能安全管理 |

图 7-14　关键安全技术方案架构（续）

⑦ 管理网络 L2 接入认证（802.1x）。

⑧ 交换机管理口登录认证。

⑨ COTS 近端维护口登录认证。

⑩ VNC Server 登录认证。

（2）机机连接认证场景。

机机认证指认证方和被认证方都是常驻系统内的服务程序，而不是其中一方由操作人员的活动而启动并由人来触发所有的交互。

基于分层架构识别出来的机机连接认证场景如下。

① VNF 认证 VNFM。

② VNFM 认证 NFVO。

③ VNFM 认证 EMS。

④ NFVO 认证 BSS/OSS。

⑤ OpenStack Service 连接认证。

⑥ OpenStack Service 只接受来自管理虚拟机的连接。

⑦ Cloud OS Agent 连接认证。Cloud OS Agent 常驻在每个主机中，它只接受来自 Cloud OS 管理平台的连接认证。由于其只有一种管理对象，权限集合唯一，故可以只做认证。

⑧ COTS SNMP Agent 登录认证。这是机机认证的凭证，提供了各种基本的生命周期管理功能（如创建、修改、删除/销毁）。

（3）鉴权。

完成认证后，所有触发的命令、命令操作对应的资源都需要进行鉴权。当被认证对象只有一种角色，不存在不同的登录角色时，可以不逐一进行鉴权，但需要做好防会话劫持机制。

需要鉴权的范围如下。

① 命令行指令。

② 界面操作。

③ 操作对象。

④ 文件与目录。

⑤ 数据（指数据库中的数据）。

（4）认证协议与认证凭证。

认证协议应采用业界公开标准的认证协议，且没有暴露安全漏洞。认证凭证可根据认证协议支持的情况进行配套提供，认证凭证具备可替换功能。

2. 用户管理

电信云内的一些服务/部件需要管理人员接入以进行日常的维护管理，这些服务/部件需要提供用户管理功能，即提供用户账号的增、删、改，以及用户账号的权限管理。

（1）用户管理场景。

与前面的用户登录认证场景一样，下面的部件需要提供维护账号管理功能。

① 业务网元管理账号。

② VNFM Web Portal 管理账号。

③ NFVO Web Portal 管理账号。

④ 管理虚拟机管理账号。

⑤ VNC Server 管理账号。

⑥ 虚拟传输设备管理账号。

⑦ Host OS 管理账号。

⑧ 管理网络 L2 接入认证（802.1x）登录账号。

⑨ 交换机管理账号。

⑩ COTS 主机近端维护部件管理账号。

（2）用户账号的合并、集中与关联。

① 账号的合并：指根据账号使用者的耦合关系或部署关系，可以将两个不同登录入口的账号合并管理。若考虑使用者的耦合关系，例如，一个操作用户既要登录应用系统发出操作指令，又需要访问 FTP 服务下载文件，则可以将应用系统中的账号和 FTP 账号合并，使用一个账号系统；若考虑部署的耦合关系，例如，在电信云一体机场景下，各部件部署在一台物理主机上，可以实现统一的一套账号管理系统，各部件作为权限项对一个账号进行授权。

② 账号的集中：指对第三方账号进行集中管理，各服务和部件统一委托一个账号管理系统进行账号管理和登录认证。同时，华为电信云支持网管用户通过本地客户端进行登录，网管用户由 U2000 管理，日常维护操作要求使用网管用户账号进行管理。对于登录到 U2000 域的用户，设备将用户认证信息发送给 U2000，由 U2000 进行用户认证。

③ 账号的关联：指两个认证体系之间的账号权限的映射与传递。

3. 软件与数据完整性保护

电信云系统中存在重要的系统可执行程序、系统数据、业务数据等。这些数据需要提供完整性校验机制，防止重要文件、数据被恶意篡改。

（1）系统中的关键数据。

系统中的关键数据包括话单、日志、密钥、账号授权信息、软件 License、系统关键配置数据等。关键数据的指纹由系统自动生成，如采用 256 位安全散列算法（Secure Hash Algorithm，SHA），密钥由系统自动生成，任何人都无法获取该密钥。关键数据的完整性校验要提供自动周期性的校验能力（如每晚进行一次），以及关键的操作动作前校验（如话单传出前，或日志文件转储前）。软件 License 防破解、防侵权可考虑的方案如下：在使用前进行在线激活，防止非法用户私自安装使用；在使用过程中，系统根据业务规模进行 License 规格对比，防止用户私自破解、修改 License。

（2）系统中的关键可执行程序。

系统中的关键可执行程序包括操作系统文件（Host OS/Guest OS）、虚拟化平台服务程序、虚拟机映像文件、网元系统软件、关键可执行脚本。对系统中的关键可执行程序的完整性校验需要在以下时机进行。

① 在系统启动时、在系统软件进行版本升级时，以及运行态过程中进行动态插件更新时。

② 可执行程序在运行过程中需要锁定静态文件，防止运行中被修改。关键程序提供了文件级别完整性校验，同时具备周期性校验功能，以防止程序被非法人员篡改。

（3）建立可信环境。

防止系统被篡改的可靠机制是建立基于硬件的可信环境上的。由于电信云主要部署在 Intel 的 X86 处理器上，而 Intel 平台支持可信执行技术（Trusted Execution Technology，TXT），可以使用 TXT 技术来实现可信平台模块（Trusted Platform Module，TPM）技术。

4．传输加密

为防止网元之间或终端与网元之间的通信数据在传输途径中被非法窃听而导致信息泄露，需要在各种存在窃听风险的场景下提供端到端传输加密能力。

以下为高风险传输场景。

（1）通信业务网元之间的用户面数据传输。

（2）VNFM/NFVO Web Portal 与客户端之间的数据传输。

（3）跨 DC 组网传输。

（4）业务网元管理模块与管理客户端之间的数据传输。

5．防攻击性

不完全封闭的系统必然会遭受外界的各种攻击，系统对外暴露的各种入口都成为可能的攻击面。如图 7-15 所示，防攻击能力重点解决防信令攻击、防用户内容解析攻击、防管理接口攻击、防操作系统漏洞攻击、防虚拟机逃逸攻击 5 个方面。

（1）防信令攻击。

如图 7-15 中的信令面模块所示，各网元/部件信令模块需要支持对以下信令攻击的防御能力。

① 防伪造信令攻击：实现协议规定的认证能力，协议没有提供认证能力的要实现锁定 IP 白名单能力。

② 抗畸形信令报文攻击：实现畸形信令识别机制，当统计畸形信令数量达到阈值后向管理员告警。

③ 抗信令 DoS 攻击：实现流控能力。

（2）防用户内容解析攻击。

如图 7-15 中的用户面模块所示，涉及用户内容计费的网元和提供基于用户通信类型的业务感知（Service Awareness，SA）功能的网元，需提供抗畸形用户报文攻击的能力。

（3）防管理接口攻击。

如图 7-15 中的管理面模块所示，管理接口涉及系统的管理权限，要防止存在漏洞导致匿名访问，需要提供密码复杂度策略设置和检查机制，以及防账号暴力破解的能力，防止畸形操作指令消息攻击。

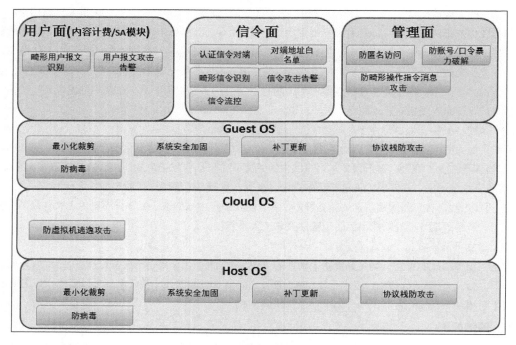

图 7-15　防攻击能力重点考虑的 5 个方面

（4）防操作系统漏洞攻击。

如图 7-15 中的 Guest OS 和 Host OS 模块所示，操作系统中的服务程序可能被暴露安全漏洞，需要对操作系统中的组件进行最小化裁剪，非业务运行所必需的服务组件应当卸载、删除，无法卸载的应当默认不启动。对于系统必须保留的组件，应当将其升级到最新版本，并进行参数配置，确保运行其在安全状态。操作系统中可以从外部访问的协议栈也需要考虑防协议攻击。

（5）防虚拟机逃逸攻击

如图 7-15 中的 Guest OS 和 Host OS 模块所示，虚拟机逃逸是虚拟化管理平台需要重点解决的技术难题，为虚拟机提供的各种驱动接口应当进行严格的参数最小化设计，避免因驱动入口参数的修改导致超出一个虚拟机的可访问资源范围。

6. 安全审计

如图 7-15 中的 Cloud OS 模块所示，安全审计的目的是将系统中发生的各种重要变化，以及把从接收到外部触发的交互行为记录下来，供事后进行回溯分析，从而识别系统是否遭到了攻击，或者作为调查取证的依据。安全审计的另一个目的是审查系统是否正处在不安全的状态下。安全审计范围主要包括以下几个方面。

（1）操作行为审计：使用合法账号登录到系统后发生的各种操作行为。

（2）外部接口攻击审计：向系统对外暴露的接口发送报文，或者尝试连接和登录的攻击行为。

（3）进程合法性审计：系统中是否运行了非预期的进程。

（4）安全配置等级审计：系统中的安全配置参数是否被降级为低保护等级。用于审计目的而记录的数据需要提供完整性保护机制，防止被恶意篡改。

（5）非法入侵审计：系统提供非法入侵痕迹检查，提供非法用户登录、访问与操作记录的详细日志，供运维人员审计。

7．安全隔离与组网

（1）电信云隔离需求。

安全隔离是指通过技术手段使得两个主体之间无法进行通信。虚拟化环境下失去了传统网络的物理隔离优势，传统的一些物理隔离需求需要通过软件方式模拟实现。另外，虚拟化环境下产生了新的隔离需求。

电信云中的隔离需求包含以下几个方面。

① 三面隔离：泛指设备/虚拟网元用户面、控制面、管理面或其他不同业务面之间没有直接交互访问关系，故需要对这些平面进行网络隔离，以使网络节点和地址对外部暴露的风险最小。

② 虚拟机间隔离/访问控制：没有访问关系的虚拟机之间一定不能有可达路径。有访问关系的虚拟机之间需要进行访问控制，只允许业务需要的访问流量通过。

③ 不同类型业务的网络隔离：不同类型业务的数据相互隔离，每个类型业务的数据都相互独立。

④ 端口隔离：不同域之间流通的数据需要进行端口隔离，只放行业务通信矩阵中明确列举的端口。

⑤ 内外网隔离：泛指各种逻辑含义上的内外网，内网地址不能暴露给外网，外部不能直接访问内网地址。如果 COTS 主机的物理 IP 地址和逻辑地址对外可见范围不同，则需要进行一定范围的隔离。

⑥ 管理网络边界部署堡垒机：运维审计型堡垒机被部署在内网中的服务器和网络设备等核心资源的前面，对运维人员的操作权限进行控制和操作行为审计；运维审计型堡垒机既解决了运维人员权限难以控制的混乱局面，又可以对违规操作行为进行控制和审计。

（2）安全组网与隔离技术。

安全组网是指通过合理的网络设计与部署，最大限度减小系统被暴露在攻击者面前的可能性，并通过部署必要的网络安全设施来识别、阻挡恶意的网络攻击。网络隔离是安全组网的重要手段。

电信云的安全组网包含物理网络的安全组网和虚拟化网络的安全组网。物理网络的安全组网技术手段包括基于防火墙的安全域划分和安全过滤策略、入侵检测部署、部署堡垒机。而虚拟网络的安全组网技术手段包括 VLAN 隔离、虚拟防火墙过滤、安全组。

8．敏感数据保护

电信云环境下的敏感数据包含以下内容。

（1）终端用户通信内容。

终端用户通信内容的保护体现为系统不提供直接抓取、存储用户通信内容的功能。对于需要对用户应用层协议进行解析的功能，其不能获取超出正常用途之外的数据。

（2）终端用户个人信息。

对于系统基于维护目的或增值业务需要而对业务网元间信令协议进行记录的功能，需要对其中涉及用户个人信息的数据在产生数据的模块中进行匿名化处理，使得通过记录的通信协议数据无法直接回溯到自然人。

（3）租户数据。

虚拟机上的用户的数据可能涉及该用户特有的信息，不允许被虚拟环境下的维护管理人员直接看到。故虚拟存储系统应当提供相应的机制，使得某个虚拟机用户的数据即使被系统管理人员访问或复制到其他地方，也无法看到原始的信息。

（4）合法监听数据。

合法监听数据只能被合法监听人员接收处理，其他类型的管理人员和维护人员在任何情况下都不能通过系统任何正常功能监听数据，需要进行权限分离和访问通道隔离。

7.3.4 物理基础设施安全策略

如图 7-16 所示，电信云物理基础设施安全需要考虑采取以下安全措施。

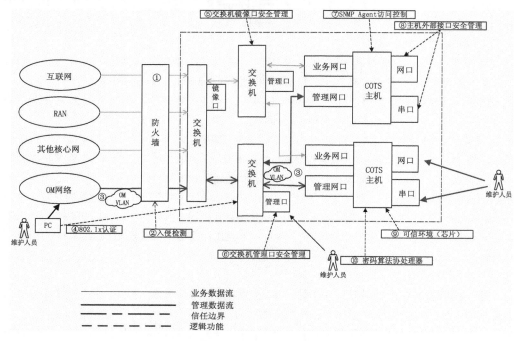

图 7-16　电信云物理基础设施安全

1. 部署边界防火墙

互联网、接入网、其他核心网、OM 网络需要采用不同的防火墙物理对接接口，或不同的防火墙设备，使得每个防火墙的接口可明确获知所进入的数据来源，从而制定明确的过滤策略。防火墙应当制定白名单通行策略，只允许事先指定特征的数据报文通行。

2. 部署入侵检测

系统具备入侵检测功能，对非法登录系统、读写数据、安装软件、增加账号等进行周期性扫描，并将入侵事件上报管理员。

3. OM 网络与业务面网络隔离

将 OM 网络与其他网络通过划分到不同的 VLAN 的方式进行隔离，避免业务网络访问 OM 网络的管理地址。

4. 终端接入管理网络 2 层认证（802.1x）

管理终端接入到 OM 网络时需要在交换机上通过 802.1x 认证，通过认证的终端才被允许访问 OM 网络主机地址。

5. 交换机镜像端口安全管理

交换机镜像功能的使用可能导致通信内容泄露，需要进行严格的受控管理和监控。镜像端口的开启需要管理员权限，镜像端口的连接状态发生改变时需要向网管中心发送告警。

6. 交换机管理端口安全管理

交换机的管理端口需要配置管理口令，并具有一定的复杂度，所有的登录与操作要记录日志。需要对管理端口的通断状态进行监控，一旦状态改变立即发出告警。

7. SNMP Agent 访问控制

COTS 主机提供了 SNMP Agent 接口，供虚拟层进行硬件管理。需要对 SNMP Agent 接口进行访问控制管理，仅允许 OpenStack Service 访问，并提供登录认证。

8. COTS 主机外部接口安全管理

主机外部接口分为以下两类。

（1）可执行交互命令的接口，如串口、网口、USB 口、光驱口、键盘口、鼠标口等。

（2）仅能进行单向信息输出的接口，如外部显示接口、打印口等。

电信云 2.0 配套 COTS 主机仅存在网口、串口，需要对这两类接口连接状态进行监控，实时向网管中心发送状态变化告警。外部网络连接到外部维护接口时需要通过身份认证，并登录和操作记录日志。

9. 可信环境

COTS 主机作为物理基础设施的主要组成部分，需要提供基于硬件芯片的可信环境，以便于虚拟层及应用层基于硬件可信环境构筑信任，实现安全启动、安全存储。COTS 主机支持 X86 和 ARM 两种运行环境。

10. 密码算法协处理器

考虑到采用密码算法协处理器的效率比采用通用的 CPU 运行加密算法的效率更高，COTS 主机需要提供密码算法协处理能力。在某些场景下，客户可能要求提供自定义的密码算法或政府部门要求的特定密码算法，这些都需要硬件基础设施集成提供，并提供上层调用接口，甚至提供虚拟化接口。

7.3.5　虚拟基础设施安全策略

虚拟基础设施指运行在物理基础设施上的虚拟化平台，为虚拟化网元的运行提供所需要的计算资源、存储资源、网络资源等。虚拟基础设施包括 Host OS、Cloud OS、Guest OS（VM）。

虚拟基础设施安全策略主要包括以下几方面。

1. 虚拟化网络安全

（1）虚拟机间隔离与访问控制。

对于没有任何正常交互需要的虚拟机，它们之间不能有任何通信通路，或者需要在通路上进行数据包的隔离。只有有通信连接需要的虚拟机之间才可以建立连接通路。这里的隔离策略范围覆盖网络三面隔离的基本需求。

（2）通信端口白名单过滤。

两个虚拟机之间可能存在某些通信需求，但仅限这些通信端口可被访问，除此之外的端口访问则在两个虚拟机之间隔离。可以在两个虚拟机之间的访问通路上进行数据包端口隔离，如在虚拟路由上采用 ACL 进行端口白名单过滤。同时，Host OS 在 VM 内的端口上实现了 ACL 规则的自动生成与自动部署，降低了网络被入侵的风险。

（3）虚拟传输设备业务面协议防攻击。

虚拟传输设备业务面支持一些必要的路由协议和 ARP，这些协议需要支持防攻击能力。防攻击能力包含 3 个方面：防畸形报文攻击、防拒绝服务攻击、防伪造对端。

（4）虚拟网络传输设备管理接口安全管理。

虚拟网络中的虚拟传输设备具有管理接口，需要支持用户管理、登录认证、操作鉴权、日志记录等操作。

（5）虚拟传输设备管理端口防攻击。

需要对可访问虚拟传输设备的通道进行限制，仅允许合法的主机进入这个通道。管理端口需要具有防协议攻击能力，包括防畸形报文攻击、防拒绝服务攻击。

（6）管理网络边界部署堡垒机。

虚拟网络中有多种管理面需要从维护网络中连接访问，如管理虚拟机、虚拟传输设备管理端口、NFV管理端口，为避免这些管理端口直接暴露在 DC 外部，可以考虑部署堡垒机。管理人员需要先登录到堡垒机，再在堡垒机上跳转到需要访问的管理端口。

2. 虚拟化存储安全

（1）虚拟化存储数据访问控制。

分配给虚拟机使用的虚拟化存储资源需要进行访问控制和隔离，确保只有存储资源归属的虚拟机才可以访问该虚拟化存储资源。

（2）虚拟化存储数据加密。

将虚拟化存储资源与虚拟机特征绑定并加密，确保即使通过其他手段获取到其他虚拟机的存储资源也无法正确读取该存储资源中的数据。

（3）虚拟化存储数据防导出。

存储在虚拟化存储资源中的数据只能专属于归属虚拟机，其他人员（包括系统管理人员）不能将数据导出到虚拟网络外，系统需要提供检测机制，禁止在 Host 空间中将虚拟磁盘中的数据复制、导出到系统外。

3. 虚拟化计算安全

（1）（虚拟化的）密码算法协处理器。

为提供高效率的密码算法计算，如 AES、RSA 等，虚拟化环境中需要提供密码算法协处理器，实现快速的密码运算。虚拟化环境中需要对底层硬件提供的密码协处理器芯片或密码板卡的处理能力进行虚拟化，提供给上层应用使用。

（2）可信环境。

为提供可信的信任根存储环境，虚拟化环境中需要对底层的可信环境芯片的处理能力进行虚拟化，使虚拟化平台可以使用底层的可信环境，实现安全启动、安全存储。相关实现技术可参考虚拟可信平台模块技术。

4. 虚拟化管理平台安全

虚拟化管理平台包括 MANO、Hypervisor、OpenStack Controller、OpenStack Agent、VNC。

（1）OpenStack Controller 访问控制。

对 Cloud OS 发起的任何虚拟化资源请求都需要进行身份认证、访问控制，例如，请求创建虚拟机、在虚拟机运行过程中进行资源扩展、虚拟机迁移等。FusionSphere 提供了统一的标准的 OpenStack 访问接口，所有虚拟资源管理请求均由 OpenStack Controller 负责处理，需要在 OpenStack Controller 上提供认证与访问控制机制，且只接收来自管理需求的访问请求，其他网络通道需要被隔离。

（2）虚拟化资源回收信息清除。

虚拟化资源在回收后需要对回收资源中保留的原始数据信息进行清除，确保重分配给另一个虚拟机后不会导致信息泄露。此时，要求在对应的物理磁盘上实现原始数据的彻底清除。

（3）OpenStack Agent 访问控制。

OpenStack Agent 驻留在每个 Host 主机中，接受 OpenStack Controller 的访问。OpenStack Agent 仅接受来自 OpenStack Controller 的访问，且需要提供认证与访问控制，禁止来自用户虚拟机或其他网络通道的访问。

（4）软件合法性校验（虚拟机）。

被 Cloud OS 管理的进程或软件需要进行合法性校验，如对虚拟机的关键执行文件进行完整性校验，对虚拟化管理的后台服务进程进行完整性校验。

（5）防虚拟机逃逸。

严禁虚拟机中的任何应用通过调用特殊接口到达 Host OS 的运行空间中。Hypervisor 对 VM 提供了 vCPU 和物理内存的映射，需要防止该访问的 API 被 VM 突破参数许可范围，导致非法访问计算资源。Cloud OS 还提供了虚拟磁盘访问通道，需要进行 API 参数最小化控制，避免一个 VM 访问另一个 VM 的磁盘空间。VM 所在进程应当以最小化权限运行，不能以根权限（最高权限）运行。当前华为的产品版本已实现了全部进程的去根权限化，降低了进程被劫持的风险。

（6）管理虚拟机访问控制。

虚拟化平台管理人员通过登录管理虚拟机的功能界面完成虚拟化资源的管理。管理虚拟机时需进行用户管理、登录认证、操作鉴权、日志记录等。

（7）VNC Server/Proxy 用户认证与鉴权。

VNC Server 提供了对各虚拟机的管理操作管道，VNC Client 一般要先接入 VNC Proxy，再通过 Proxy 中转到 VNC Server。故 VNC Proxy 需要提供一定的登录认证能力，并具备防暴力破解能力。而 VNC Server 只接收来自 VNC Proxy 的连接请求，拒绝其他网络通道或虚拟机的连接，VNC Server 需要提供登录认证能力。

5. Guest OS 安全

（1）Guest OS 安全加固。

Guest OS 作为虚拟化平台上的基础部件，需要进行系统最小化裁剪和系统部件安全加固，确保操作系统中只保留业务运行需要的系统组件，并且对保留的系统部件的运行参数进行安全配置。

（2）防病毒。

虚拟化环境下，Guest OS 的运行环境趋于开放，运行的应用软件来源多，存在引入病毒的风险，故需要在 Guest OS 中安装运行防病毒软件，对系统中的进程活动、文件传输进行病毒扫描和查杀。

（3）应用软件合法性校验。

虚拟机启动后，在 Guest OS 中加载的任何软件都应该通过合法性校验，可采用数字签名方式来校验虚拟机中加载的软件的合法性。

（4）密码算法的 CBB。

系统提供常用密码算法的共用基础模块（Common Building Block，CBB），CBB 调用虚拟层提供的虚拟化密码算法协处理器接口，实现高效密码运算。

（5）安全启动。

系统提供安全启动机制，每次虚拟机需要重启时，虚拟机对系统加载的软件逐级进行程序完整性校验，启动加载过程是从 BOIS 到操作系统，再到应用软件。

（6）进程白名单。

系统提供进程白名单机制，制定 NFV 网元中的合法进程列表，系统定期对运行的进程进行快照，通过对比快照和合法进程列表，检测系统中是否存在非法进程，如果发现异常进程，则通过告警通知管理员。

（7）部署到特定 Host 主机。

对安全等级要求不同的 VM（如 VM 中的 App 有特殊隔离要求），可以根据要求将该 VM 分配部署到不同的 Host 上。例如，要求 MANO 与 VNF 部署到不同的 Host 上，达到更高等级的隔离目标；或者合法监听应用（Lawful Interception Application, LI App）与业务 App 部署到不同的 Host 上。

6. Host OS 安全

（1）用户账号管理。

Host OS 拥有各种服务与应用系统，存在通过近端登录进行维护的场景。系统需要提供统一的账号管理，通过创建账号、分配恰当的权限完成用户账号管理。系统中的账号尽量采用统一的管理入口，避免多套账号同时存在的情况，如 FTP 账号和系统管理员账号应当统一。

（2）近端登录认证与访问控制。

通过物理主机的物理接口进入 Host OS 管理入口，如维护网口、串口等。对这些管理入口的访问需要进行身份认证，只有拥有合法身份的访问才允许进行下一步的操作。

管理人员登录系统后对系统中任何资源的访问都需要进行鉴权，只有被授权的资源才被允许访问。

（3）软件合法性校验。

重要的系统执行文件需要进行合法性校验，防止被非法篡改。校验应当在系统启动过程中或启动后进行，在系统启动后需要定期校验，如果发现文件被篡改，则应及时给管理员发送告警。

（4）Host OS 安全加固。

Host OS 需要进行最小化裁剪，仅保留业务需要的系统部件；被保留的系统部件要进行安全参数配置，确保系统运行在合适的安全状态下。

（5）Host OS 防病毒。

Host OS 与 Guest OS 一样，都可能在管理面被病毒攻击，故需要提供防病毒能力。

（6）虚拟机进程权限最小化。

系统中存在各种用途的虚拟机，对应这些虚拟机的不同用途，在系统中应当分配不同的进程权限，并实现权限最小化，避免用户虚拟机被攻击后进而获得较高的系统控制权限。

（7）记录登录与操作日志。

Host OS 中提供了登录到操作系统的入口和账号，通过这些账号登录到系统中时，任何管理操作都需要记录日志，用于事后审计，且这些日志要在系统中保留一定的时间。

7.4 5G 网络云化安全新特性、新挑战和相关措施

相比传统架构，云化架构引入了通用硬件，将网络功能运行在虚拟环境中，为运营商带来了低成本的网络和业务的快速部署能力。全球已有相当多的 4G 核心网采用了云化部署，华为和运营商联合获取了许多核心网云化解决方案和部署的成功经验。

华为遵从业界虚拟化标准的安全协议、架构，目前云化架构中采用的 NFV 技术标准主要是由 ETSI 提出的，ETSI 制定了多个 NFV 安全的标准项目，如 SEC009 主要涉及多租户主机管理安全，SEC002 主要涉及开源软件安全特性管理等。

华为认为 NFV 安全隔离解决方案是一个端到端的整体方案，从数据中心开始，到最核心服务器上的 VM，NFV 安全需要设计完整的由外至内的安全解决方案。该方案包括 DC 内安全区隔离，区内不同业务域隔离，域内不同主机组隔离，主机内

V7-3 云化安全
新特性和新挑战

的 VM 隔离，以及一系列安全加固措施，层层递进。

7.4.1　5G 网络云化安全新特性

5G 在继承 4G 安全性的基础上，增加了新的安全特性，如认证授权、隐私保护、数据传输安全、网络架构和互通安全等，在网络安全上有了较大进步。下面对这些新的安全特性进行介绍。

1. 设计了用户唯一标识以保护用户隐私数据

5G 设计了终端用户永久标识符（Subscription Permanent Identifier，SUPI），以确定用户的真实身份，并保护该用户在网络上传输的数据。

2. 引入公私钥加密机制以保护用户数据

通过公私钥加密机制来保护用户在网络上传输的数据。公钥是公开的，所有用户都可以获取，用来加密用户发送的数据；私钥是保密的，仅由运营商拥有，用来解密。这样，攻击者即使嗅探或劫持了用户的信息，没有私钥，也无法解密出用户的数据。

3. 用户面数据完整性保护

5G 提供了按需使用的用户到基站的空中接口，以及用户到核心网之间的用户面数据加密和完整性保护。

4. 终端和网络的双向认证

5G 提供了双向认证能力，使终端和网络都能确认对方身份的合法性。从用户面来说，避免了恶意和非法接入网络；从网络面来说，避免了攻击者伪造通信基站和热点欺诈用户。

5. 为终端提供端到端的安全隔离通道

这个通道的目的是即使某一终端被攻击变成傀儡机，也很难在网络中复制和扩散攻击行为，如传播恶意程序等，避免了恶意程序在网络中的广泛传播所造成的破坏。

7.4.2　5G 网络云化安全新挑战

5G 面临新业务、新架构、新技术带来的安全挑战和机遇，以及更高的用户隐私保护需求；业界需要理解多样化场景需求，更好地定义 5G 安全标准和技术，以应对 5G 的安全风险。2018 年，全球 74 家公司派技术专家参加了 7 次服务与系统方面工作组 3（Service&System Aspects workgroup3，SA3，主要负责安全方面的工作）会议，共同参与了 5G 安全标准的制定工作。3GPP SA3 工作组（该工作组负责业务与系统架构安全方面的工作）对 5G 安全的威胁和风险做了 17 个方面的分析，包括安全架构、接入认证、安全上下文和密钥管理、无线接入网安全、下一代 UE 安全、授权、用户注册信息隐私保护、网络切片安全、中继安全、网络域安全、安全可视化和安全配置管理、安全可信凭证分发、安全的互连互通和演进、小数据安全、广播/多播安全、管理面安全和密码算法的风险分析。

5G 网络的关键资产包括用户的个人信息和通信数据，以及无线网和核心网的软硬件资产、计算资源资产，以及运营商运营运维的账户、口令、日志、配置、话单等。黑客攻击无线网络的动机主要是窃取、篡改用户的隐私信息和用户传输的数据，或者破坏网络、计算资源的可用性。根据 3GPP 标准定义：下一代无线接入网不能以明文方式传递 SUPI。5G 基站既不保存也不识别用户的个人信息，空中接口和传输分别采用分组数据汇聚协议（Packet Data Convergence Protocol，PDCP）和 IPSec 协议等保证用户信息的机密性和完整性；但基站的业务可用性面临着挑战，威胁主要来源于外部空中接口无线信号干扰和协议攻击。而 5G 核心网的部分网元（如 UDM 等）会处理、保存用户的个人信息，故 5G 核心网面临着因恶意用户的攻击而产生的用户信息泄露和资源可用性无法保证等风险。但由于核心网部署的中心机房普遍采用了高级别的安全防护措施，因此恶意入侵的风险能得到有效削减。

5G 新业务、新架构、新技术带来了新的安全挑战。在 5G 云化网络中，云平台的安全挑战主要包括以下几个方面。

（1）云平台基础设施安全：基础设施本身的安全性、在网络边界部署安全防护设备等。

（2）运维安全：实时检测攻击、快速响应安全事件、及时恢复业务等。

（3）运营安全：防止非法用户利用平台的运营漏洞获取不属于自己的资源和业务。

（4）安全合规：满足业务所在区域法律法规的要求。

（5）服务安全：确保交付的服务在研发和运维过程中是符合高质量安全规范的。

（6）安全服务：为用户提供按需使用的安全服务，自主防御网络攻击。

另外，在云化架构中，云是一个大的资源池，分配不同的资源给用户使用，不同用户的业务和数据绝对隔离，不允许非法用户访问不属于自己的业务和数据；提供防止外部攻击的手段，保护资源和数据的安全；提供合适的数据保护手段，防止用户数据泄露，这些都是需要解决的安全挑战。

总体来说，5G 安全所面临的大部分的威胁、挑战与 4G 安全一致，但在新业务方面，5G 网络需要考虑第三方切片业务提供商的接入认证；在新架构方面，5G 网络对于网络切片、SBA 等 3GPP 架构标准中定义的 5G 新架构，对相应的安全挑战和安全解决方案进行了定义；在新技术方面，5G 网络需要考虑量子计算等新技术对传统密码算法的影响。

7.4.3　5G 网络云化安全相关措施

华为在 4G 网络中已经应用了虚拟化安全的技术。在 5G 云网络相关设备的安全方面，华为基于 3GPP 安全标准采取了多项安全增强措施。下面将对这些安全措施进行介绍。

对于运营商网络而言，通常根据业务内容将 DC 划分为多个安全等级区域，每个区域都通过防火墙隔离开，业务用户不能直接访问高安全等级区，必须通过不同区域内的特定服务器实现跳转访问。

在一个安全区域中，还可以再次按照业务对当前域进一步划分与隔离。例如，运营商的网络业务一般分为运维域、网关域、控制域、数据域，由不同业务类型汇聚为不同的域，每个域之间以防火墙隔离，确保相互之间只能进行授权访问。

在多厂家共同部署的环境中，对于单个域，还需要考虑主机隔离。在同一个主机内，如果需要进一步隔离，则可考虑 VM、Hypervisor，甚至 CPU、存储、网络等的安全隔离方案。

为提升系统防攻击的能力，应对系统（如操作系统、容器、数据库等）进行安全加固，对管理、信令和数据 3 个平面做好安全隔离，以及安全监控和审计等一系列安全加固措施，提升防攻击检测和响应能力。

除了云网络以外，针对 5G 边缘计算安全和 5G 网络切片安全也有相应的应对措施。

1. MEC 安全

MEC 将云数据中心的计算能力部分转移到核心网的边缘。MEC 可以充分利用已有的云化、虚拟化安全技术，并加强第三方的认证授权管理和用户数据保护，构建边缘网络安全。MEC 安全域需要根据业务和部署进行严格划分；当在 MEC 上部署第三方应用时，需要进行软件、资源、系统、API 的安全隔离与安全保护。

2. 5G 网络切片安全

5G 网络引入了网络切片技术，使一个网络可以同时支持多种不同类型的业务场景。切片在继承 5G 网络安全特性的基础上，提供了更多的安全保障措施，具体分析如下。

切片隔离：使用成熟的云化、虚拟化隔离措施，如物理隔离、VM 资源隔离、虚拟可扩展局域网、VPN 和虚拟防火墙等，实施精准、灵活的切片隔离，保证在不同租户之间进行 CPU、存储以及 I/O 资源的有效隔离。

切片接入安全：在 5G 网络已有的用户认证鉴权的基础上，由运营商网络和垂直行业应用共同完成对切片用户端设备的接入认证和授权，保证接入合法切片，以及垂直行业对切片网络和资源使用的可控性。

切片管理的安全：切片管理服务使用双向认证和授权机制，切片管理与切片网络间通信时使用安全协议来保证通信的完整性、机密性及防重放攻击。同时，在切片生命周期管理中，采用切片模板、配置检查与校验机制，避免由于错误配置而导致切片访问失效、数据传输与存储失效。

在接下来的 R16（5G 首版标准为 R15）中，3GPP 正在研究面向垂直行业的安全，并进一步制定有关切片级用户认证机制及用户隐私保护机制等标准。

7.5　本章小结

本章先从安全原则引入，从业务分层模型、安全威胁模型、物理基础设施安全和虚拟基础设施安全等方面分析了电信云安全威胁及相应的防护对策；再从安全模型和关键安全技术出发，分别讲解了物理基础设施安全、虚拟基础设施安全和电信业务设施安全的应对措施；最后分析了 5G 云化网络安全的新特性、新挑战及相关措施。

课后练习

1．选择题

（1）虚拟基础设施业务面中有两个信任区域，即虚拟化服务层和受信任的用户虚拟机。这两个信任区域对应的外部非信任通道/数据流类型主要有（　　　　）。

  A．Hypervisor 接收 VM 发送的计算资源的请求

  B．虚拟传输设备接收虚拟机虚拟网卡送来的通信数据

  C．虚拟存储服务接收 VM 中的存储资源读取请求

  D．外部虚拟机 App 与受信任的虚拟机中的 App 进行应用层通信

（2）以下属于电信业务设施层中软件和数据完整性需要考虑的技术需求的是（　　　　）。

  A．关键数据完整性保护   B．软件升级合法性校验

  C．可信环境   D．防软件授权侵权

（3）【多选】在电信云化网络中，从逻辑上可分为（　　　　）。

  A．电信业务设施层   B．虚拟基础设施层

  C．平台基础设施层   D．物理基础设施层

（4）【多选】电信云物理基础设施层和虚拟基础设施层的业务面和管理面会面临的威胁是（　　　　）。

  A．伪造、篡改   B．拒绝服务、信息泄露

  C．缓冲区溢出、侵犯私密性   D．暴力破解、病毒

（5）【多选】以下属于虚拟基础设施业务面的安全威胁与攻击场景的是（　　　　）。

  A．虚拟机攻击 Hypervisor 接口   B．虚拟机攻击虚拟化传输设备

  C．在 Host OS 中运行非法软件/病毒 D．一个虚拟机非法访问另一个虚拟机中的 App

（6）【多选】物理网络安全中一般划分为（　　　　）。

      A. 受信任区域   B. 不信任区域   C. 隔离区域   D. 普通区域

（7）【多选】基于电信云解决方案安全架构，可以将电信云解决方案面临的主要安全威胁分类，并基于 ETSI NFV 参考架构提出对应的电信云安全体系，主要包括（   ）。

      A. 电信业务功能安全   B. 虚拟基础设施安全和虚拟化平台安全

      C. 物理基础设施安全   D. 虚拟资源管理及编排安全

      E. 电信业务管理安全和虚拟化平台管理安全

（8）【多选】5G 云化网络安全优势有（   ）。

      A. 设计了用户唯一标识以保护用户隐私数据   B. 引入公私钥加密机制以保护用户数据

      C. 用户面数据完整性保护   D. 终端和网络的双向认证

      E. 为终端提供端到端的安全隔离通道

（9）【多选】虚拟基础设施安全主要包括（   ）。

      A. 虚拟化网络安全   B. 虚拟化存储安全

      C. 虚拟化计算安全   D. 虚拟化管理平台安全

      E. Guest OS 与 Host OS 安全

（10）【多选】在 5G 云化网络中，云平台的安全挑战主要包括（   ）。

      A. 云平台基础设施安全   B. 运维和运营安全

      C. 安全合规   D. 服务安全和安全服务

2. 简答题

（1）描述常用的基本安全原则。

（2）列举说明电信云中物理基础设施安全和虚拟基础设施安全的威胁类型。

（3）分别描述物理基础设施和虚拟基础设施的安全技术。

（4）绘图描述电信云关键安全技术方案架构。

（5）简述 5G 云化面临的新挑战。

参 考 文 献

[1] 徐立冰. 云计算和大数据时代网络技术揭秘. 北京：人民邮电出版社，2013.
[2] 顾炯炯. 云计算架构技术与实践. 2 版. 北京：清华大学出版社，2016.